总主编 陆建隆 刘爱武

五年制高等职业教育公共基础课程教材

WU LI

物理 电子信息类

物理编写组 编

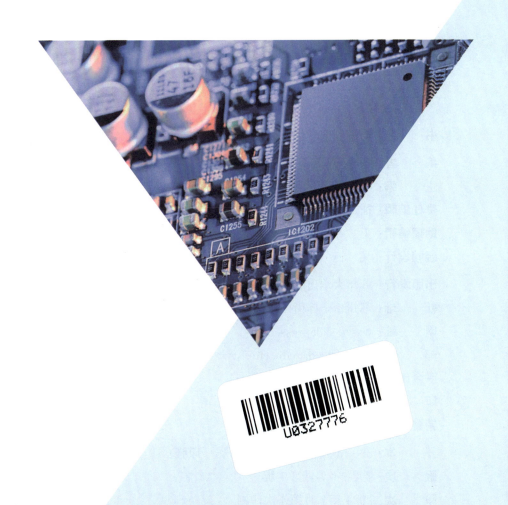

苏州大学出版社　高等教育出版社

总 主 编　陆建隆　刘爱武
本册主编　陆建隆
编　　者　(按姓氏笔画排序)
　　　　　王　巍　刘松辰　刘爱武　刘淑娟　杨凤琴　吴　鸣
　　　　　汪　聪　张常飞　陆建隆　陈　乾　陈红利　孟宪辉
　　　　　胡慧青　徐盼林　高　轩　谢智娟

图书在版编目(CIP)数据

物理. 电子信息类 / 物理编写组编；陆建隆主编
. --苏州：苏州大学出版社，2024.7
　　ISBN 978-7-5672-4783-3

Ⅰ.①物… Ⅱ.①物…②陆… Ⅲ.①物理学－高等
职业教育－教材 Ⅳ.①O4

中国国家版本馆 CIP 数据核字（2024）第 086624 号

书　　名：	物理（电子信息类）
编　　者：	物理编写组
主　　编：	陆建隆
责任编辑：	征　慧
助理编辑：	王　叶
装帧设计：	吴　钰
出版发行：	苏州大学出版社（Soochow University Press）
社　　址：	苏州市十梓街 1 号　邮编：215006
网　　址：	www.sudapress.com
邮　　箱：	sdcbs@suda.edu.cn
联合出品：	高等教育出版社
印　　装：	江苏图美云印刷科技有限公司
销售热线：	0512-67481020
开　　本：	890 mm×1 240 mm　1/16　印张：18.25　字数：378 千
版　　次：	2024 年 7 月第 1 版
印　　次：	2024 年 7 月第 1 次印刷
书　　号：	ISBN 978-7-5672-4783-3
定　　价：	49.80 元

凡购本社图书发现印装错误，请与本社联系调换。服务热线：0512-67481020

五年制高等职业教育公共基础课程教材
出版说明

五年制高等职业教育（简称"五年制高职"）是以初中毕业生为招生对象，融中高职于一体，实施五年贯通培养的专科层次职业教育，是现代职业教育体系的重要组成部分。新修订的《中华人民共和国职业教育法》明确，"中等职业学校可以按照国家有关规定，在有关专业实行与高等职业学校教育的贯通招生和培养"。中办、国办发布的《关于深化现代职业教育体系建设改革的意见》明确，"支持优质中等职业学校与高等职业学校联合开展五年一贯制办学"。五年制高职是职业教育贯通培养的一种模式创新，近年来在全国各省份办学规模迅速扩大，越来越受到广泛认可。

江苏省解放思想、率先探索，于2003年成立江苏联合职业技术学院，专门开展五年贯通高素质长周期技术技能人才培养。办学二十多年来，江苏联合职业技术学院以"一体化设计、一体化实施、一体化治理"的育人理念指导人才培养改革实践，丰富了现代职业教育体系内涵；开发了一整套教学标准，填补了中高职贯通教学标准空白；搭建了一系列协同平台，激发了省域联动集约发展活力。学院主持的"五年贯通'一体化'人才培养体系构建的江苏实践"获评2022年职业教育国家级教学成果奖特等奖。

为彰显长周期技术技能人才培养特色，不断提升五年制高职人才培养质量，在全国五年制高等职业教育发展联盟成员单位的支持下，江苏联合职业技术学院持续滚动开发了整套五年制高职公共基础课程教材。本套五年制高职公共基础课程教材以习近平新时代中国特色社会主义思想为指导，落实立德树人根本任务，坚持正确的政治方向和价值导向，弘扬社会主义核心价值观；依据教育部《职业院校教材管理办法》和江苏省教育厅《江苏省职业院校教材管理实施细则》等要求，注重系统性、科学性和先进性，突出实践性和适用性，体现职业教育类型特色；以江苏省教育厅2023年最新颁布的五年制高职公共基础课程标准为依据，遵循技术技能人才成长的渐进性规律，坚持一体化设计，结构严谨，内容科学，呈现形式灵活多样，配套资源丰富多彩，是为五年制高职量身打造的专用公共基础课程教材。

本套五年制高职公共基础课程教材由高等教育出版社、苏州大学出版社联合出版。

五年制高等职业教育发展联盟秘书处
江苏联合职业技术学院
2024年7月

前言

2021年，教育部办公厅印发了《"十四五"职业教育规划教材建设实施方案》（以下简称《方案》）。《方案》指出，"十四五"职业教育规划教材建设要全面贯彻党的教育方针，落实立德树人根本任务，凸显职业教育类型特色。《方案》中特别提到，要规范建设公共基础课程教材，完善基于课程标准的职业院校公共基础课程教材编写机制。

2023年，江苏省教育厅正式颁布了《五年制高等职业教育物理课程标准（2023年）》（以下简称《课程标准》）。本次五年制高职物理教材的编写由江苏联合职业技术学院组织，以《课程标准》为依据，对五年制高职物理教材的设计理念、结构和内容等方面进行了重构。希望通过本套教材全方位贯通物理学科核心素养与内容的融合，切实提高五年制高职教育的品质和影响力。

为了使学生能更好地学习物理知识、探索浩瀚的物理世界，教材设计了以下栏目：

活动 通常包含由学生自己动手操作的小实验和自主思考的小问题，助力学生知识的习得和能力的提升。

方法点拨 在学习相关知识时指出所运用的物理思维方法，帮助学生拓展思维。

信息快递 提供特定的信息，突破学生的知识盲区。

生活·物理·社会 介绍本节所学内容与生活、社会的联系，旨在说明物理学知识在社会生产生活中的应用。

中国工程 对中国现代大型科技工程进行介绍，帮助学生了解我国在一些领域取得的杰出成就。

拓展阅读 在相关内容后提供阅读材料，帮助学生拓宽视野。

物理与职业 将本节所学知识与现代职业方向联系起来，为学生做职业规划提供参考。

实践与练习 每节后的练习题，帮助学生学会应用本节所学知识解决问题。

小结与评价 每章末的总结，包括引导学生归纳本章所学知识的"内容梳理"和联系真实生活情境的"问题解决"。

这些栏目与正文内容有机融合，提高了教材的趣味性、针对性、可读性与可操作性，有助于师生更好地利用教材完成教学活动。

本套教材的编写主要突出以下六个方面的特色：

1. 立德树人，坚持育人导向

教材的编写全面贯彻党的教育方针、落实立德树人根本任务，坚持用习近平新时代中国特色社会主义思想和党的二十大精神铸魂育人。一方面，融入了优秀传统文化，增强学生对优秀传统文化的认识，激发学生对优秀传统文化的热爱。另一方面，设置了"中国工程"栏目，向学生介绍我国科技发展的先进成果，促进学生爱国热情和民族自豪感的提升，帮助学生树立科技报国的信念。

2. 紧扣课标，优化教材结构

教材的编写以《课程标准》为依据，围绕学生必修的内容，将《课程标准》中的基础模块和拓展模块进行有机融合。根据学生所修专业的不同需求，将教材设计为四个平行版本，即通用类、机械建筑类、电子信息类和医药卫生类。同时，依照《课程标准》中"强化实践教学，提升操作技能"的要求，重视实验模块的设置。学生必做实验自成一节，常规章节中也加强对演示实验和动手实践类活动的设置，提高实验与实践在教材中所占的比例，以期通过教材带动五年制高职物理实践教学的高质量发展。

3. 联系生活，彰显职教特色

教材从章导页、节导言，到正文选用的例题与习题情境，以及特色栏目"生活·物理·社会"等，都尽量选用来源于社会生产实践和学生生活的素材，力求使学习内容紧密联系生活实际，坚持"从生活走向物理、从物理走向社会"的导向。考虑到五年制高职学生普遍的就业方向和专业发展，教材设置了特色栏目"物理与职业"，在学习一些特定的内容时向学生介绍与该内容相关的职业及其专业技能、所需的知识储备等，帮助学生拓宽视野，结合物理学知识了解相关职业的信息，做好职业规划、明确努力方向，为今后的职业发展打下良好的基础。

4. 紧跟时代，关注科技创新

教材融入了一些与现代社会生活、科技发展关联性较强的案例，如神舟飞船、无线充电等。这些内容提高了教材的现代感，在促进学生提升物理学科学习兴趣的同时，也引导学生关注科技发展与创新，志存高远，立志为科技事业贡献自己的力量。

5. 例题引领，重视解题反思

教材例题遵循"分析—解—反思与拓展"的模式。"分析"呈现对问题的思考过程，并涵盖联系所学知识、问题拆分、模型建构等环节；"解"给出问题的解决过程，重视解题过程的规范性；"反思与拓展"总结该类题目的解题模式，学会举一反三地提出一些问题，供学生在解题后进一步反思。通过教材例题引领，学生在解题时关注思维过程，规范语言表达，重视反思拓展。

6. 练习设计，指向问题解决

为了体现《课程标准》对学业质量的要求，教材的例题和习题中都适当加入了富含情境元素的问题，每一章的"问题解决"部分也尽可能提供了一些综合性较强的真实情境问题。所选用的情境与学生的学习生活或实践经历息息相关，以期学生在学习过程中能产生亲切感，体会物理学的基础性和实用性，从而产生学习物理学的热情，乐于、善于利用所学物理知识和方法解释自然现象、解决实际问题。

由于时间仓促，编者水平有限，书中难免有不当之处，恳请读者提出宝贵意见，以供再版时修正和完善。

物理编写组
2024 年 6 月

目 录

第1章 匀变速直线运动 ... 1
1.1 运动的描述 ... 2
1.2 匀变速直线运动 ... 7
1.3 学生实验：测量物体运动的速度和加速度 ... 12
1.4 自由落体运动 ... 16

第2章 相互作用与牛顿运动定律 ... 21
2.1 重力 弹力 摩擦力 ... 22
2.2 学生实验：探究两个互成角度的力的合成规律 ... 28
2.3 力的合成与分解 ... 31
2.4 学生实验：探究物体运动的加速度与物体受力、物体质量的关系 ... 36
2.5 牛顿运动定律 ... 40
2.6 牛顿运动定律的应用 ... 45

第3章 曲线运动 ... 51
3.1 曲线运动的描述 ... 52
3.2 运动的合成与分解 ... 56
3.3 学生实验：探究平抛运动的特点 ... 59
3.4 抛体运动 ... 62
3.5 匀速圆周运动 ... 66

第4章 万有引力与航天应用 ... 77
4.1 开普勒行星运动定律 ... 78

4.2 万有引力定律 ………………………………………………………… 81
4.3 宇宙速度与航天应用 …………………………………………………… 86

第5章 功和能 …………………………………………………………… 93

5.1 功　功率 ………………………………………………………………… 94
5.2 动能　动能定理 ………………………………………………………… 101
5.3 重力势能　弹性势能 …………………………………………………… 106
5.4 机械能守恒定律 ………………………………………………………… 112
5.5 学生实验：验证机械能守恒定律 ……………………………………… 117

第6章 静电场 …………………………………………………………… 123

6.1 电荷　电荷守恒 ………………………………………………………… 124
6.2 库仑定律　电场强度 …………………………………………………… 128
6.3 电势能　电势 …………………………………………………………… 136
6.4 静电应用与避雷技术 …………………………………………………… 142
6.5 电容器 …………………………………………………………………… 146

第7章 恒定电流 ………………………………………………………… 153

7.1 电流　电源　电动势 …………………………………………………… 154
7.2 闭合电路欧姆定律 ……………………………………………………… 157
7.3 学生实验：用多用表测量电学中的物理量 …………………………… 160
7.4 电功与电功率 …………………………………………………………… 164
7.5 能量转化与能量守恒定律 ……………………………………………… 169
7.6 学生实验：电表的改装 ………………………………………………… 173

第8章 静磁场与磁性材料 ……………………………………………… 177

8.1 磁场　磁感应强度 ……………………………………………………… 178
8.2 磁场对电流的作用　安培力 …………………………………………… 184
8.3 学生实验：制作简易直流电动机 ……………………………………… 189
8.4 磁场对运动电荷的作用　洛伦兹力 …………………………………… 191
8.5 磁介质　磁性材料 ……………………………………………………… 195

第9章　电磁感应与电磁波 ……… 201

- 9.1　电磁感应现象 ……… 202
- 9.2　法拉第电磁感应定律 ……… 208
- 9.3　互感与自感 ……… 213
- 9.4　电磁场与电磁波 ……… 219
- 9.5　电磁波的发射和接收 ……… 226

第10章　电子元件与传感技术 ……… 235

- 10.1　二极管 ……… 236
- 10.2　光电效应　光电管 ……… 242
- 10.3　温度传感器及其应用 ……… 247
- 10.4　光电传感器及其应用 ……… 251
- 10.5　声控灯的原理与安装 ……… 257

第11章　交变电流与安全用电 ……… 263

- 11.1　交变电流的描述 ……… 264
- 11.2　学生实验：探究电阻、电感及电容对交变电流的影响 ……… 268
- 11.3　三相交变电流 ……… 271
- 11.4　安全用电 ……… 275

第 1 章
匀变速直线运动

高铁在轨道上奔驰,电子在分子内运动,空间站在太空中遨游……马克思主义运动观指出,一切物质都处于运动之中。

本章我们将从运动的描述开始,学习物体做匀变速直线运动时的规律,掌握测量物体运动速度和加速度的方法,再探究一种特殊的运动——自由落体运动。

主要内容	
	◎ 运动的描述
	◎ 匀变速直线运动
	◎ 学生实验:测量物体运动的速度和加速度
	◎ 自由落体运动

1.1 运动的描述

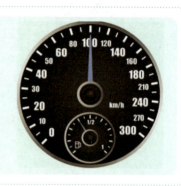

在初中物理中，我们学习过速度，速度可以用来描述物体运动的快慢。汽车在行驶时，驾驶员通过查看汽车的车速表，就可以知道所驾驶车辆的行驶速度。汽车的车速表显示的速度是平均速度吗？

1.1.1 参考系 质点

物体的空间位置随时间的变化，是自然界中最简单、最基本的运动形态，称为机械运动，简称运动。要描述一个物体的运动，首先要选定"其他某个物体或系统"作为参考，观察物体的位置相对于"其他某个物体或系统"随时间的变化以及怎样变化。这种用作参考的物体或彼此不做相对运动的物体或系统称为**参考系**。

在描述一个物体的运动时，参考系的选择是任意的。比如，乘客坐在高速列车上，飞驰而过，如果以地面或树木等为参考系，他是运动的；如果以列车或列车上的座椅等为参考系，他就是静止的。

物体的运动状态的确定，取决于所选取的参考系。所选取的参考系不同，得到的结论也不一定相同，这就是运动的相对性。参考系选取得当，会使问题的研究变得简单。凡是提到运动，都应该弄清楚是相对于哪个参考系而言的。通常情况下，在讨论地面上物体的运动时，都以地面为参考系。

研究一个人跑步，如果忽略跑步者手臂和腿的运动，而只关心他的运动轨迹，就能更方便地观察跑步者的运动情况（图1.1.1）。事实上，我们可以忽略跑步者的实际大小，把他想象成一个没有大小只有质量的点。

在某些情况下，为了方便研究，我们忽略物体的大小和形状，将实际的物体抽象为一个有质量的点，这样的点称为

图 1.1.1 跑步者的质点模型

质点。质点是一个理想化的物理模型,实际上并不存在。

> **方法点拨**
>
> 在物理学中,在物体原型的基础上,为突出问题的主要方面,忽略次要因素,经过科学抽象,通过建立模型来揭示原型的形态、特征和本质的方法称为模型建构法。

当研究地球绕太阳公转时(图1.1.2),可以将地球看作质点,此时地球的大小和形状对所研究的问题无明显影响;而当研究地球自转时,就不能把地球看作质点了。

可见,一个物体能否被看成质点,是由所要研究的问题决定的,与物体本身无关。如果物体本身的大小和形状对所研究的问题没有影响或影响很小,可将物体看作质点。当一个物体内部各处的运动情况都相同时,也可将它看成质点。

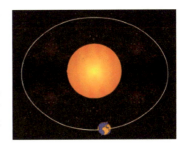

图1.1.2 地球绕太阳公转

1.1.2 时刻 时间

要描述物体位置的变化,还要清楚"时刻"和"时间"的含义。

上午8时15分上课、9时下课,这里的"8时15分"指这节课开始的时刻,称为初时刻;"9时"指这节课结束的时刻,称为末时刻。而这两个时刻之间的45 min,则是这两个时刻之间的间隔,称为时间间隔,简称时间。

如果用数学中的数轴来表示时间,那么这个数轴就称为时间轴,如图1.1.3所示。在时间轴上,可以用点表示时刻,用线段表示时间。

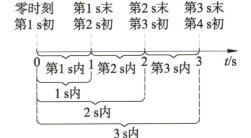

图1.1.3 时间轴

1.1.3 路程 位移

某人从甲地到乙地去旅行,可以选择乘汽车、高铁、轮船和飞机。他从甲地到乙地的位置变化都是相同的,选择不同的交通工具所经过的路径(或轨迹)并不相同,即如图1.1.4所示的4条路径。我们把物体在运动过程中通过的路径(或轨迹)的长度称为**路程**。

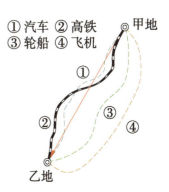

图1.1.4 从甲地到乙地的路线图

在物理学中，物体位置的变化通常用位移来表示。我们用一条由起点指向终点的有向线段来表示**位移**。位移的大小就是从起点至终点的直线距离，方向由起点指向终点。在图 1.1.4 中，带箭头的有向线段表示从甲地到乙地的位移，线段的长度表示位移的大小，箭头的指向表示位移的方向。

根据物体的起点位置和位移，可以唯一确定其终点位置。如图 1.1.4 所示的四种交通工具虽然经过的路程各不相同，但位移都相同；而且在任何情况下，路程均不小于位移的大小。

在物理学中，把位移这类既有大小又有方向的物理量称为矢量，把路程这类只有大小没有方向的物理量称为标量。

1.1.4 速度 平均速度 瞬时速度

在不同的运动中，物体位置变化的快慢往往不同，那么怎样描述物体位置变化的快慢呢？物理学中用物体的位移与发生这段位移所用时间之比表示物体位置变化的快慢，即运动的快慢，称为**速度**。

用 v 表示速度，s 表示位移，t 表示时间，则有

$$v = \frac{s}{t} \qquad (1.1.1)$$

在国际单位制中，速度的单位是米/秒（m/s 或 m·s^{-1}）。常用的单位还有千米/时（km/h 或 km·h^{-1}）、厘米/秒（cm/s 或 cm·s^{-1}）等。速度是矢量，它既有大小又有方向。速度的大小称为**速率**，速率是标量。速度的方向和物体运动的方向相同。

> **方法点拨**
>
> 用两个基本物理量的"比"来定义一个新的物理量的方法称为比值定义法，如物质的密度、速度等。比值定义法的基本特点是被定义的物理量往往反映了物质最本质的属性，它不随定义所用的物理量的大小的改变而改变。

一般来说，在某一段时间内，物体运动的快慢通常是变化的。所以，用式（1.1.1）求得的速度 v 表示的只是物体在时间 t 内运动的平均快慢程度，称为**平均速度**。平均速度描述

物体在一段时间内运动的平均快慢程度及方向。那么，怎样描述物体在某一时刻运动的快慢和方向呢？

可以设想，用从时刻 t 到 $t+\Delta t$ 这一小段时间内的平均速度来代替时刻 t 物体的速度，当 Δt 非常小时，其中的差异可以忽略不计，此时，我们就把 $\dfrac{\Delta s}{\Delta t}$ 叫作物体在时刻 t 的**瞬时速度**。

瞬时速度表示物体在某一时刻或经过某一位置时的速度，可以精确地描述物体运动的快慢。对于一般情况的运动，我们所说的速度就是指瞬时速度。

初中学过的匀速直线运动，是瞬时速度保持不变的运动。在匀速直线运动中，平均速度与瞬时速度相等。汽车车速表不能显示车辆运动的方向，它的示数实际是汽车的速率。

中国工程

北斗卫星导航系统

北斗卫星导航系统，简称 BDS，是中国自行研制的全球卫星导航系统，也是继 GPS、GLONASS 之后的第三个成熟的卫星导航系统。北斗卫星导航系统由空间段、地面段和用户段三部分组成，可在全球范围内全天候、全天时为各类用户提供高精度、高可靠定位、导航、授时服务，并且具备短报文通信能力，已经初步具备区域导航、定位和授时能力，定位精度为分米、厘米级别，测速精度为 0.2 m/s，授时精度优于 20 ns。

古代的人们用北斗星座来定位方向，所以我国的卫星导航系统也成了现代的北斗。如图 1.1.5 所示是北斗三号卫星，它以固定的周期在高空环绕地球运行，由于其距离地面较远，地面上的人甚至汽车、飞机和轮船等物体都可看作质点。卫星通过与信号接收

图 1.1.5　北斗三号卫星

机的无线通信联系，可计算出卫星到接收机的精确距离，从而判断出接收机处于以卫星为球心、以该距离为半径的球面上，如果有三颗卫星相互配合，即可确定接收机的具体位置。

北斗卫星导航系统的服务已覆盖所有行业领域，在交通运输、智慧农业、无人驾驶、航空航天、电子信息、通信等多个领域，为国家经济持续增长提供动力。

实践与练习

1. 平常说的"一江春水向东流""地球的公转""钟表的时针在转动""太阳东升西落"等，分别是指什么物体相对什么参考系在运动？

2. 金华到温州的线路全长约 188 km。某乘客早上 7 时 16 分乘坐某次高铁列车从金华到温州只需要 1 h 24 min，列车最高时速可达 200 km/h。请回答下列问题：

(1) 早上 7 时 16 分、1 h 24 min 分别是指时间还是时刻？

(2) 全长约 188 km 是指路程还是位移？

(3) 200 km/h 是指平时速度还是瞬时速度？

(4) 测量高铁列车完全通过一个短隧道的时间，可以将高铁列车看成质点吗？为什么？

3. 汽车从制动到停止共用了 5 s，这段时间内汽车每 1 s 前进的距离分别是 9 m、7 m、5 m、3 m、1 m。

(1) 分别求汽车前 1 s、前 2 s、前 3 s、前 4 s 和全程的平均速度。在这五个平均速度中，哪一个最接近汽车刚制动时的瞬时速度？它比这个瞬时速度略大些，还是略小些？

(2) 汽车运动的最后 2 s 的平均速度是多少？

1.2 匀变速直线运动

在短跑比赛中，当发令枪响起，运动员们便像离弦之箭冲出起跑线，有的运动员冲到了前面，这说明他的速度增加得比其他运动员快。不同的运动中，速度变化的快慢往往是不同的。如何描述速度变化的快慢呢？

1.2.1 加速度

我们日常观察到的运动，其速度常常是不断变化的。例如，汽车启动后，速度越来越大；行驶的汽车在制动后，速度越来越小。人们把速度不断变化的运动，称为**变速运动**。人们把速度不断变化的直线运动，称为**变速直线运动**。

汽车可以在 5 s 内从静止加速到 100 km/h，而火车从静止加速到 100 km/h 则需要 5 min。两者的速度变化量相同，汽车的速度变化更快。如果两者的速度变化量不同，所用时间也不同，怎样比较它们速度变化的快慢呢？

 活动

比较速度变化的快慢

运载火箭点火后竖直升空，2 s 内由 0 m/s 加速到 60 m/s；赛车沿直线赛道启动，从静止加速到 100 km/h 约需 2.5 s。以上两种情况中：
(1) 哪个物体的速度变化量大？
(2) 哪个物体的速度变化得快？说出你的依据。

物理学中把速度的变化量与发生这一变化所用时间之比，叫作加速度，用 a 表示。若用 v_0 表示运动物体开始时刻的速度，用 v_t 表示经过一段时间 t 的速度，则

$$a = \frac{v_t - v_0}{t} \quad (1.2.1)$$

由式（1.2.1）可以看出，加速度的大小等于单位时间内速度大小的变化量。在国际单位制中，加速度的单位是 m/s² 或 m·s⁻²。

加速度不但有大小，而且有方向，因此是矢量。

1.2.2 匀变速直线运动的规律

如果物体沿直线运动，且加速度不变，我们称该物体做**匀变速直线运动**。在匀变速直线运动中，如果物体的速度随时间均匀增大，这种运动称为匀加速直线运动；如果物体的速度随时间均匀减小，这种运动称为匀减速直线运动。

在匀变速直线运动中，加速度是恒定的，它的大小和方向都不改变。

由加速度的公式 $a = \frac{v_t - v_0}{t}$，可得速度与时间的关系为

$$v_t = v_0 + at \quad (1.2.2)$$

在匀变速直线运动中，用图像表示速度和时间的关系时，式（1.2.2）中 v_t 是 t 的一次函数，所以速度-时间图像（v-t图像）是一条直线，如图 1.2.1 所示。

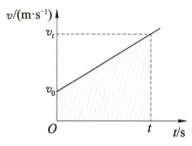

图 1.2.1 速度-时间图像

例 1

一辆汽车以 36 km/h 的速度在平直公路上匀速行驶。从某时刻起，汽车以 0.6 m/s² 的加速度加速，10 s 末因故突然紧急刹车，随后它停了下来。汽车刹车时做匀减速运动的加速度大小是 6 m/s²。

(1) 汽车在 10 s 末的速度是多少？

(2) 汽车从刹车到停下来用了多长时间？

分析 依题意可知，汽车在加速和减速过程中都是在做匀变速直线运动。第（1）问是已知加速的时间求末速度。第（2）问是已知末速度求减速的时间。两个问题都需要用匀变速直线运动的速度与时间的关系式来求解。其中，第（2）问汽车加速度的方向跟速度、位移的方向相反，需要选择正方向处理物理量之间的正负号问题。

解 （1）汽车做匀加速直线运动。已知初速度 $v_0=10$ m/s，加速度 $a=0.6$ m/s²，加速时间 $t=10$ s，则汽车在 10 s 末的速度为
$$v_t=v_0+at=10 \text{ m/s}+0.6\times 10 \text{ m/s}=16 \text{ m/s}$$

（2）以汽车的运动方向为正方向，与正方向一致的物理量取正号，与正方向相反的量取负号。汽车从第 10 s 末开始做匀减速直线运动，因此初速度 $v_0=16$ m/s，末速度 $v_t=0$，加速度 $a=-6$ m/s²。根据 $v_t=v_0+at$ 得
$$t=\frac{v_t-v_0}{a}=\frac{0-16}{-6} \text{ s}\approx 2.67 \text{ s}$$

该车从刹车到停下来要用时 2.67 s。

反思与拓展

匀减速直线运动的规律与匀加速直线运动的规律相同，不同的是在匀减速直线运动中，加速度取负值。如果用速度-时间图像来表示题中汽车刹车后的情况，我们可以发现图像有什么特点？

如图 1.2.1 所示，速度-时间图线和时间轴围成的面积大小等于物体在时间 t 内所产生的位移的大小，所以位移为
$$s=\frac{v_0+v_t}{2}t \tag{1.2.3}$$

将 $v_t=v_0+at$ 代入式（1.2.3），有
$$s=v_0t+\frac{1}{2}at^2 \tag{1.2.4}$$

这就是匀变速直线运动的位移与时间的关系式。如果初速度为 $v_0=0$，这个公式可以简化为 $s=\frac{1}{2}at^2$。

将 $v_t=v_0+at$ 和 $s=\frac{v_0+v_t}{2}t$ 两式联立后求解，消去时间 t 可得
$$s=\frac{v_t^2-v_0^2}{2a} \tag{1.2.5}$$

这就是匀变速直线运动的速度与位移的关系式。如果在所研究的问题中，已知量和未知量都不涉及时间，利用这个公式求解，往往会更简便。

以上几个关系式中分别不含有加速度 a、末速度 v_t、时间 t，灵活选择关系式，可使解题更加便捷。又因为平均速度

信息快递

在速度-时间图像上，位移的大小等于速度-时间图线与时间轴所包围的面积大小。这个结论不仅适用于匀速直线运动，还适用于变速直线运动。

$\bar{v}=\dfrac{s}{t}$，所以有

$$s=\bar{v}t \quad (1.2.6)$$

由式（1.2.3）和式（1.2.6）可得，匀变速直线运动中的平均速度为

$$\bar{v}=\dfrac{v_0+v_t}{2} \quad (1.2.7)$$

例2

火车以 5 m/s 的初速度在平直的铁轨上匀加速行驶 500 m 时，速度增加到 15 m/s。火车通过这段位移需要多长时间？加速度的大小为多大？

分析 在匀变速直线运动中，涉及 v_0、v_t、a、s、t 五个量，虽然有多个公式可供选用，但是其中非同解方程只有两个。因此，解题时必须先找出三个已知量，灵活运用关系式，才能求解其他两个未知量，即"知三求二"。本题中已知 $v_0=5$ m/s，$v_t=15$ m/s，$s=500$ m，求 t 和 a。

解 根据匀变速直线运动的规律 $s=\dfrac{v_0+v_t}{2}t$ 可得

$$t=\dfrac{2s}{v_0+v_t}=\dfrac{2\times 500}{5+15}\text{ s}=50\text{ s}$$

因此

$$a=\dfrac{v_t-v_0}{t}=\dfrac{15-5}{50}\text{ m/s}^2=0.2\text{ m/s}^2$$

反思与拓展

求解匀变速直线运动问题时，由于有多个公式可供选用，因而常能一题多解。适当选取公式，可使解题更加便捷。对于本题，还有哪些方法可以求位移和加速度？请同学们尝试一下。

在变速运动中，匀变速直线运动是较为简单的一种运动。过山车在运动过程中，有时做匀加速直线运动，有时做匀减速直线运动，有时做曲线运动，我们可以用速度、加速度、时间、位移等物理量来描述它的运动规律。

生活·物理·社会

安全车距

在高速公路上行车时，经常会看到车距确认标识，如图 1.2.2 所示。保持安全车距对行车安全是非常重要的。哪些因素会影响行车距离？如何确定安全车距？

图 1.2.2 车距确认标识

车速是影响安全车距的最直接且最重要的因素。随着车速的增加，安全车距也应相应调整。当车速超过 100 km/h 时，应与同车道前车保持 100 m 以上的距离；当车速低于 100 km/h 时，可以适当缩短与同车道前车的距离，但最小距离不得少于 50 m。车辆高速行驶时，刹车的反应时间和制动距离都会相应增加。

根据经验数据，如果车速增加 1 倍，制动距离将增加 4 倍。而在恶劣天气和路况下，制动距离可能会增加 6 倍以上。所以，合理的车距不仅可以给我们充足的制动时间，而且能保证行车的稳定性和安全性。

实践与练习

1. 某新型汽车在平直的公路上做性能测试，可以认为该汽车的速度是均匀变化的。如果汽车在 40 s 内速度从 10 m/s 增加到 20 m/s，求汽车加速度的大小；如果汽车紧急刹车，经过 2 s 速度从 10 m/s 减小到零，求这个过程中汽车加速度的大小。

2. 磁悬浮列车是一种采用无接触的电磁悬浮、导向和驱动系统的高速列车，是当今世界上最快的地面客运交通工具。"我国自主研发的磁悬浮列车速度可达 600 km/h，它的加速度一定很大。"这一说法对吗？为什么？

3. 在市区，若汽车急刹车时轮胎与路面的擦痕（刹车距离）超过 10 m，行人就来不及避让，因此在市区行车要限速。如果刹车时加速度大小按 6 m/s^2 计算，限速路牌要标多少千米/时？

4. 一辆汽车以 40 km/h 的速度在市区行驶，当车行驶至距交叉路口的停车线 45 m 时，计时交通灯的绿灯显示还剩下 3 s 的通行时间。司机想加速穿过路口，加速度为 2 m/s^2，该车是否会因此违章闯红灯？

1.3 学生实验：测量物体运动的速度和加速度

【实验目的】

（1）熟练使用气垫导轨测速系统测量物体运动的速度和加速度。

（2）学会利用 v-t 图像处理实验数据，获取物体做匀变速直线运动的加速度。

【实验器材】

所用器材有气垫导轨、气泵、光电门（2个）、滑块及遮光条、滑轮、挂钩及槽码、数字计时器、厘米刻度尺、游标卡尺等，如图1.3.1所示。

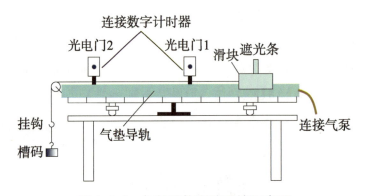

图1.3.1 气垫导轨测速系统示意图

【实验方案】

一般来说，我们可使用秒表和刻度尺直接测量物体运动的时间和位移。但当物体运动较快时，采用以上方法得到的测量值误差较大，由此计算得到的物体运动速度的误差也较大。为减小测量过程中造成的误差，可以用气垫导轨测速系统来测量物体运动的时间和速度等信息。

气垫导轨利用从导轨表面的小孔中喷出的压缩空气，在导轨表面和滑块之间形成一层很薄的气膜——气垫，滑块悬浮在导轨上，滑块在导轨上滑动时摩擦力变得极小，提高了实验的精确程度。气垫导轨和数字计时器配合使用，可测量物体运动的时间和速度。

测速原理：利用槽码带动滑块在导轨上运动，滑块上安装有遮光条，遮光条有一定的挡光宽度，称为计时宽度。滑块运动时，遮光条的计时宽度 Δs 就是 Δt 时间内滑块的位移。

用光电门和数字计时器记录时间 Δt。光电门由光源和光敏元件组成。在有光照和无光照的环境下，光敏元件的电阻值有明显差异，将电阻的变化转化为电压信号，用来控制数字计时器开始计时或停止计时。数字计时器从遮光条遮光开始计时，到遮光条不遮光停止计时。

当滑块经过光电门时，安装在滑块上的遮光条会挡在光电门的光源和光敏元件之间，光敏元件检测到光线强度的变化，将信号传递给数字计时器的主机，数字计时器开始计时。当遮光条移开时，光线强度恢复正常，数字计时器停止计时，计时时间即为滑块通过遮光条挡光宽度的时间 Δt。由 $v=\dfrac{\Delta s}{\Delta t}$ 可求出滑块经过光电门时的速度 v_1 和 v_2。

根据两光电门之间的距离 s，就可按运动学公式 $a=\dfrac{v_2^2-v_1^2}{2s}$ 求出滑块下滑的加速度。

> **方法点拨**
>
> 直接测量是直接由测量工具得到待测物理量的方法。用刻度尺测量长度、用秒表测量一段时间等都是利用了直接测量法。但是，有的时候用现有的仪器不能直接测出待测物理量或测量误差较大，就不宜采用直接测量法测量数据。这时我们可以采用间接测量法，将待测物理量转化为若干可以直接测量的物理量，再通过数学公式、几何关系等获得待测物理量。

【实验步骤】

1. 实验准备

（1）打开气源，调整气垫导轨使其水平，让滑块可以在导轨上自由滑动。

（2）将两个光电门安装于导轨的不同位置处，按数字计时器的使用方法，用线缆将两个光电门与主机相连，连接电源，打开开关，检查数字计时器工作是否正常。

2. 测量滑块的速度

用游标卡尺测出遮光条的计时宽度 Δs，槽码带动滑块在导轨上运动，让滑块从静止开始运动，分别记录滑块经过两个光电门的时间 Δt_1、Δt_2，填入表1.3.1中。保持滑块每一次都从同一位置释放，重复多次测量，由 $v=\dfrac{\Delta s}{\Delta t}$ 可求出滑块经过光电门时的速度。

3. 测量滑块的加速度

用厘米刻度尺测量两光电门之间的距离 s。按上述方法进行实验，分别求出滑块经过两光电门的速度 v_1、v_2，由公式 $a=\dfrac{v_2^2-v_1^2}{2s}$ 求出滑块下滑的加速度。改变两光电门之间的距离和滑块的初始位置，比较不同情形下求得的加速度大小是否有明显不同。

【数据记录与处理】

将实验数据及经计算得到滑块通过光电门的速度和滑块的加速度填入表1.3.1中。

表 1.3.1 实验记录表

遮光条的计时宽度 $\Delta s=$ _____ mm

实验序号	Δt_1/s	Δt_2/s	s/cm	v_1/(m·s^{-1})	v_2/(m·s^{-1})	a/(m·s^{-2})
1						
2						
3						
4						
5						
……						

根据实验数据，测得滑块下滑的平均加速度为 $\bar{a}=$ _____ m/s^2。

【交流与评价】

（1）利用本节的实验器材可以测量当地的重力加速度吗？如果可以，还需要测量哪些物理量？与同学们讨论、交流你的实验方案。

（2）为什么在测量时要测多组数据？实验时有哪些过程会产生误差？有哪些可以减小误差的方法？

（3）你在测量过程中遇到了哪些问题？你是如何解决的？相互评价各自的实验过程，想一想还有哪些地方可以改进。

【注意事项】

（1）为保证清洁，实验前应在气垫导轨通气状态下用酒精棉球轻轻将气垫导轨和滑块内侧面擦拭干净。

（2）在气垫导轨还未通气时不能将滑块放置于导轨上，以免造成磨损；不能用手直接触摸导轨面，以免皮屑、油脂堵塞气孔。

（3）气垫导轨表面及滑块内表面经过精密加工，二者可以相互吻合，使用滑块时应轻拿轻放，避免滑块跌落造成形变。

（4）不使用气垫导轨时，应随手关闭气源，以免长时间运转导致电机过热损坏。

实践与练习

1. 为了测定气垫导轨上滑块的加速度，滑块上安装了宽度为 5 mm 的遮光板。滑块在牵引力作用下先后通过两个光电门，配套的数字计时器记录了遮光板通过第一个光电门的时间为 $\Delta t_1 = 20$ ms（1 ms＝10^{-3} s），通过第二个光电门的时间为 $\Delta t_2 = 5$ ms，遮光板从开始遮住第一个光电门到遮住第二个光电门的时间间隔为 $\Delta t = 2.5$ s，求滑块的加速度。

2. 若在气垫导轨上安装多个光电门测量速度，从开始释放滑块开始记录时间，其测量结果如表 1.3.2 所示，试在坐标纸上作出 v-t 图像。你作出的图像是怎样的？延长图线后是否过坐标轴原点？为什么？说说你的理由。

表 1.3.2　实验记录表

光电门序号	1	2	3	4	5
t/s	0.2	0.3	0.5	0.75	1.0
$v/(\text{m·s}^{-1})$	0.15	0.22	0.36	0.58	0.73

1.4 自由落体运动

在地球上,当我们从相同高度同时释放锤子和羽毛时,锤子会先落地,羽毛后落地。从月球表面上的相同高度处同时释放锤子和羽毛,虽然锤子比较重,但是锤子和羽毛同时落到月球表面。为什么在地球上和月球上,锤子和羽毛的表现不同呢?

1.4.1 影响物体下落快慢的因素

在日常生活中,我们发现石头比树叶下落得快、铅球比乒乓球下落得快,于是我们凭直觉和经验得出,越重的物体下落得越快。甚至有人断言:物体越重,下落得越快。事实真的如此吗?

活动

比较不同物体下落的快慢

(1) 将粉笔和纸片从同一高度同时释放。

(2) 两张完全相同的纸片,将其中一张揉成团,从同一高度同时释放。

(3) 将一根可抽去空气的玻璃管竖直放置,管内下端放一枚小钱币(金属片)和一片羽毛,如图1.4.1所示(该装置称为牛顿管)。管内充有空气时倒转玻璃管,让小钱币、羽毛同时下落。抽掉管内的空气,再倒转玻璃管。

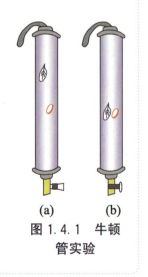

图1.4.1 牛顿管实验

从实验中可以看出:物体下落的快慢不是由物体的轻重决定的,而是受空气阻力的影响,与质量无关。

1.4.2 自由落体运动的规律

物理学家伽利略最早得出结论：如果没有空气阻力，任何物体下落的快慢都一样。

我们把物体只在重力的作用下由静止开始下落的运动称为**自由落体运动**。可以看出，自由落体运动是一种理想状态下的物理模型。伽利略早在 17 世纪就给出论断：**自由落体运动是初速度为零的匀加速直线运动**。

伽利略通过研究发现：地球上的物体下落的速度与时间成正比，下落的距离与时间的平方成正比，物体下落的加速度与物体的质量无关。

在同一地点，一切物体自由下落的加速度都相同，这个加速度叫作自由落体加速度，又叫重力加速度，通常用 g 表示。地球上部分地点的重力加速度的大小见表 1.4.1。

表 1.4.1 地球上部分地点的重力加速度的大小

地点	纬度	重力加速度 $g/(m·s^{-2})$
赤道海平面	0°	9.780
广州	23°06′	9.788
武汉	30°33′	9.794
上海	31°12′	9.794
东京	35°43′	9.798
北京	39°56′	9.801
纽约	40°40′	9.803
莫斯科	55°45′	9.816
北极	90°	9.832

重力加速度的方向竖直向下，其大小可以由实验测得。在通常计算中，g 值取 9.8 m/s²；在粗略计算中，g 值可取 10 m/s²。

自由落体运动符合初速度为零的匀变速直线运动的规律，初速度 $v_0=0$，加速度 $a=g$，位移 s 即下落的距离 h，则自由落体运动的速度公式为

$$v_t = gt \quad (1.4.1)$$

自由落体运动的位移公式为

$$h = \frac{1}{2}gt^2 \quad (1.4.2)$$

末速度与位移的关系为

$$v_t^2 = 2gh \quad (1.4.3)$$

> **例题**
>
> 一名攀岩运动员在登上陡峭的峰顶时不小心碰落了一块石头。经过 8 s 后运动员听到石头落到地面的声音。问：
>
> （1） 2 s 内，石头下落多少距离？第 2 s 末石头的速度为多大？
>
> （2）石头落地时的速度有多大？这个山峰有多高？（不计声音传播的时间，重力加速度大小取 10 m/s²）
>
> **分析** 忽略空气阻力，石头下落后做自由落体运动，根据 $h = \frac{1}{2}gt^2$ 即可求解石头下落的距离，第 2 s 末的速度根据 $v_t = gt$ 即可求出。
>
> **解** （1）经过 2 s 石头下落的距离为
>
> $$h_1 = \frac{1}{2}gt^2 = \frac{1}{2} \times 10 \times 2^2 \text{ m} = 20 \text{ m}$$
>
> 石头在第 2 s 末的速度为
>
> $$v_1 = gt = 10 \times 2 \text{ m/s} = 20 \text{ m/s}$$
>
> （2）不计声音传播的时间，石头下落 8 s 后落地，落地时的速度为
>
> $$v_t = gt = 10 \times 8 \text{ m/s} = 80 \text{ m/s}$$
>
> 石头下落 8 s，下落的距离即为山峰的高度，则有
>
> $$h = \frac{1}{2}gt^2 = \frac{1}{2} \times 10 \times 8^2 \text{ m} = 320 \text{ m}$$
>
> **反思与拓展**
>
> 若考虑声音传播的时间，石头落地时的速度和山峰的高度值与上面算出的结果会有怎样的差别？若计算石头下落 10 s 末的速度，是否还需要用速度公式计算？为什么？从这个问题中我们得到什么启发？

实践与练习

1. 建筑工人不小心从脚手架上推落一块砖，问：

(1) 砖在 4.0 s 后的速度是多少？

(2) 在该段时间内，砖下落的距离是多少？

2. 2013 年 12 月 14 日，"嫦娥三号"探测器首次在外天体成功软着陆。如图 1.4.2 所示是"嫦娥三号"探测器平稳着陆月球的示意图。在该过程中，当"嫦娥三号"靠近月球后，先悬停在月球表面上方一定高度，之后关闭发动机，以 1.6 m/s² 的加速度下落，经过 2.25 s 到达月球表面，此时探测器的速度是多少？

图 1.4.2 "嫦娥三号"探测器

3. 用手机拍摄物体自由下落的视频，经过软件处理得到分帧图片。利用图片中小球的位置来测量当地的重力加速度，实验装置如图 1.4.3（a）所示。

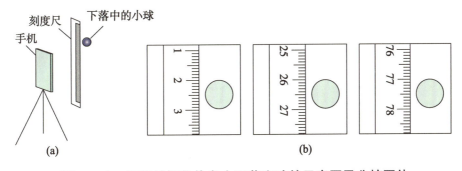

图 1.4.3 手机拍摄物体自由下落实验的示意图及分帧图片

(1) 如果有乒乓球、小塑料球和小钢球，其中最适合用作实验中下落物体的是_____。

(2) 下列主要操作步骤中，正确的顺序是_____。（填写各步骤前的序号）

① 把刻度尺竖直固定在墙上；

② 捏住小球，从刻度尺旁由静止释放；

③ 将手机固定在三脚架上，调整好手机镜头的位置；

④ 打开手机的摄像功能，开始摄像。

(3) 停止摄像后，从视频中截取三帧图片，图片中的小球和刻度如图 1.4.3（b）所示。已知所截取的图片相邻两帧之间的时间间隔为 $\dfrac{1}{6}$ s，刻度尺的分度值是 1 mm，由此测得重力加速度为_____ m/s²。

(4) 实验中，如果小明释放小球时手稍有晃动，视频显示小球下落时偏离了竖直方向。从该视频中截取图片，_____（选填"仍能"或"不能"）用（3）中的方法测出重力加速度。

小结与评价

内容梳理

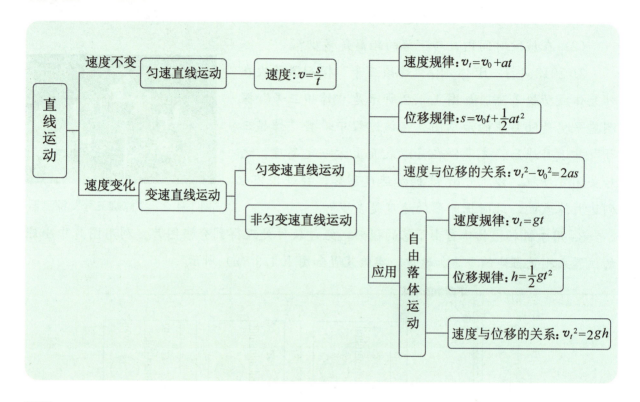

问题解决

1. 一场班级间的篮球比赛结束后,同学们对篮球能否被看成质点进行了讨论。讨论的话题如下:

(1) 研究投篮过程中篮球进入篮筐时,篮球能否被看成质点;

(2) 研究篮球被抛出后在空中运动的轨迹时,篮球能否被看成质点。

请提出你的观点,并说明理由。

2. 查阅资料,了解人的反应时间与哪些因素有关,并分析为何疲劳驾驶容易发生交通事故。试根据自由落体运动的规律,设计一个可以测量人的反应时间的简单装置。

3. 高空坠物会造成极大的伤害。某高楼住户有一花盆从距地面 20 m 处自由落下。取重力加速度 $g=10\ \text{m/s}^2$,不计空气阻力,花盆经过多长时间落到地面?到达地面时的速度有多大?请根据计算结果,查找相关资料,讨论高空坠物的危害并提出防止高空坠物的建议。

4. 某人骑自行车,在距离十字路口停车线 30 m 处看到信号灯变红。此时自行车的速度为 4 m/s。已知该自行车在此路面依惯性滑行时做匀减速直线运动的加速度大小为 0.2 m/s²。如果骑车人看到信号灯变红就停止用力,自行车仅靠滑行能停在停车线前吗?

第 2 章
相互作用与牛顿运动定律

我国拥有当今世界顶尖的造桥技术。在诸多桥型中，斜拉桥是大跨度桥梁的主要桥型，其设计蕴含着丰富的力学原理。

力学知识以牛顿运动定律为基础，在生产和生活中有着重要的应用。本章我们将从物体的受力问题入手，学习力的合成定则，探究运动和力的关系。

主要内容

◎ 重力　弹力　摩擦力
◎ 学生实验：探究两个互成角度的力的合成规律
◎ 力的合成与分解
◎ 学生实验：探究物体运动的加速度与物体受力、物体质量的关系
◎ 牛顿运动定律
◎ 牛顿运动定律的应用

2.1 重力 弹力 摩擦力

电工利用脚扣（套在鞋上爬电线杆用的一种弧形铁制工具），能轻松地攀爬电线杆。从力学角度分析，电工是如何攀爬上去的？

2.1.1 重力

脱离果树的苹果会掉落下来，这是因为受到了力的作用，你知道这种力是怎么产生的吗？

地球上的一切物体都受到地球的吸引。由于地球吸引而使物体受到的力称为**重力**，它的方向总是竖直向下。初中时我们已经知道，物体受到的重力 G 和物体的质量 m 存在如下关系：

$$G = mg \qquad (2.1.1)$$

通常取 $g = 9.8 \text{ N/kg}$。

力可以用有向线段表示。有向线段的长短表示力的大小，箭头的指向表示力的方向，箭尾表示力的作用点。如图 2.1.1 所示，苹果所受的重力大小为 2 N，方向竖直向下。这种表示力的方法称为力的图示。在不需要准确标度力的大小时，通常只需画出力的作用点和方向，即只需画出力的示意图。

图 2.1.1 苹果受重力的图示

一个物体的各部分都受到重力的作用，从效果上看，可以认为各部分受到的重力作用集中于一点，这一点叫作物体的重心。因此，重心可以看作物体所受重力的作用点。

质量分布均匀、形状规则的物体的重心，就是它的几何中心，如图 2.1.3 所示。

信息快递

物体重心与地球重心的连线称为铅垂线。铅垂线多用于建筑测量。用一条细绳一端系一重物，当重物相对于地面静止时，这条绳所在的直线就是铅垂线，如图 2.1.2 所示。

图 2.1.2 铅垂线

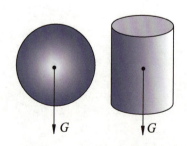

图 2.1.3 规则物体的重心

质量分布不均匀的物体，重心的位置除了与物体的形状有关外，还与物体内质量的分布有关。载重汽车的重心随着装货多少和装载位置的不同而不同，如图 2.1.4 所示。

图 2.1.4　载重汽车的重心

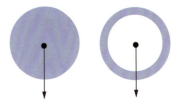

图 2.1.5　圆盘与圆环的重心

如图 2.1.5 所示，一块密度均匀的圆盘的重心在圆心，如果把圆盘的中间部分去掉，变成一个圆环，我们发现其重心位置并未变化，仍在圆心。

如何判断形状不规则薄板的重心？取一块质量分布均匀的薄板，用细绳将薄板吊起，两次悬挂中两条竖直线的交点就是薄板的重心，如图 2.1.6 所示。这种判断重心的方法叫作悬挂法。

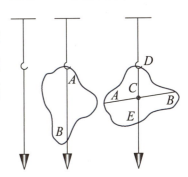

图 2.1.6　悬挂法找重心

2.1.2　弹力

日常生活中的很多力都是在物体与物体发生接触时产生的，这种力称为接触力。通常说的拉力、压力、支持力等都是接触力。接触力按其性质可分为弹力和摩擦力。

物体在力的作用下其形状或体积会发生改变，这种变化称为**形变**。有些物体在形变后撤去作用力时能恢复原状，这种形变称为**弹性形变**，能够发生弹性形变的物体称为**弹性体**。如果形变过大，超过一定的限度，撤去作用力后物体不能恢复原来的形状，这个限度称为**弹性限度**。发生形变的物体，由于要恢复原状，对与它接触的物体会产生力的作用，这种力称为**弹力**。

放在地板上的物体对地板的压力以及地板对它的支持力，都是弹力，其方向与接触面垂直。绳子的拉力也是弹力，其方向是沿着绳子指向绳子收缩的方向。

> **活动**
>
> **观察玻璃瓶发生的微小形变**
>
> 一个灌满水的玻璃瓶，瓶口用橡皮塞密封，中间插一根透明的细管，如图2.1.7所示。用力捏玻璃瓶，观察细管中水柱的变化情况。这种现象说明了什么？你还能想出其他方法观察物体发生的微小形变吗？

图2.1.7 带细管的玻璃瓶

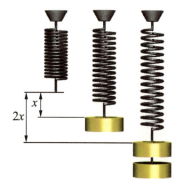

图2.1.8 发生形变的弹簧

英国物理学家胡克经过研究发现，在弹性限度内，弹簧发生弹性形变时，弹力 F 的大小与弹簧伸长（或缩短）的长度 x 成正比（图2.1.8），这个规律叫作**胡克定律**，即

$$F=kx \qquad (2.1.2)$$

式（2.1.2）中，k 是弹簧的弹性系数，它是由弹簧的材料、形状、粗细等因素决定的。在国际单位制中，弹性系数的单位是牛/米（N/m）。

例1

小明在实验中将一根原长为0.2 m的弹簧拉长到0.4 m时，由于弹性形变产生的弹力为400 N，弹簧的弹性系数是多少？当弹簧长度为1.0 m（在弹性限度内）时产生多大的弹力？

分析 由胡克定律可知，已知弹力和弹簧的形变量，可以求出弹簧的弹性系数；在弹性限度内，弹簧的弹性系数不变，可以求出任意弹簧形变量时产生的弹力。

解 $F=400$ N的弹力所对应的形变量为

$$x=(0.4-0.2) \text{ m}=0.2 \text{ m}$$

由 $F=kx$ 可得

$$k=\frac{F}{x}=\frac{400}{0.2} \text{ N/m}=2.0\times10^3 \text{ N/m}$$

在弹性限度内，同一根弹簧的弹性系数是不变的，所以弹簧长度为1.0 m时，弹性系数仍然是 2.0×10^3 N/m。弹簧长度为1.0 m时的形变量为

$$x'=(1.0-0.2) \text{ m}=0.8 \text{ m}$$

其弹力大小为
$$F'=kx'=2.0\times10^3\times0.8 \text{ N}=1.6\times10^3 \text{ N}$$

反思与拓展

弹性系数是反映弹簧本身性质的物理量，与弹簧是否发生形变无关。如果将两个一样的弹簧（弹性系数皆为 k）首尾连接组成一个弹簧，组合后的弹簧弹性系数是多少？

2.1.3 摩擦力

在日常生活中，摩擦是一种常见的物理现象。我们已经知道，两个相互接触的物体，当它们发生相对运动或具有相对运动趋势时，就会在接触面上产生阻碍相对运动或相对运动趋势的力，这种力叫作**摩擦力**。

当人拉静止在地面上的木箱时，箱子有相对地面的运动趋势，但没有运动，也就是说箱子和地面之间仍然保持相对静止。根据二力平衡知识，这时一定有一个力与拉力大小相等、方向相反。这个力就是木箱和地面之间产生的摩擦力。由于这时两个物体之间只有相对运动趋势而没有相对运动，所以这时的摩擦力称为**静摩擦力**。静摩擦力的方向与物体相对运动趋势的方向相反。

逐渐增大拉力，只要木箱仍然静止不动，静摩擦力就与拉力大小相等，并随拉力的增大而增大。静摩擦力的增大有一个范围，随着拉力的增大，当木箱刚刚开始运动时，拉力的大小在数值上等于最大静摩擦力 F_{fmax}。两物体之间实际发生的静摩擦力 F_f 在 0 与最大静摩擦力 F_{fmax} 之间，即 $0 \leq F_f \leq F_{fmax}$。

当一个物体在另一个物体表面滑动时，会受到另一个物体阻碍它滑动的力，这种力称为**滑动摩擦力**。当木箱在地面上滑动时，也会和地面产生滑动摩擦力。滑动摩擦力的方向总是沿着接触面，并与物体相对运动的方向相反。

实验证明，滑动摩擦力 F_f 的大小跟压力 F_N 成正比，用公式表示为

$$F_f = \mu F_N$$

式中的比例常数 μ 称为动摩擦因数。它的数值与相互接触的两个物体的材料有关。材料不同，两个物体间的动摩擦因数也不同。动摩擦因数还跟接触面的情况（如干湿程度、粗糙程度等）有关。表 2.1.1 列出的是一般情况下一些材料之间的动摩擦因数。

表 2.1.1　几种材料间的动摩擦因数

材料	动摩擦因数	材料	动摩擦因数
钢—冰	0.02	皮革—铸铁	0.28
木—冰	0.03	木—木	0.30
木—金属	0.20	木—皮革	0.40
钢—钢	0.25	橡胶轮胎—路面（干）	0.71

例2

在我国北方林海雪原中，雪橇曾作为重要的交通工具为人们运送各种生活物资。一个由钢制滑板制成的雪橇，装载货物后总质量为 3.0×10^4 kg，在水平冰道上，要使雪橇匀速前进，马要用多大的水平拉力拉雪橇？

分析　如图 2.1.9 所示，雪橇在水平方向上受到马的拉力 F 和冰道的摩擦力 F_f，根据二力平衡原理可知，F 和 F_f 必须大小相等，雪橇才能匀速运动，即 $F = F_f$。滑动摩擦力的大小可由 $F_f = \mu F_N$ 求出，其中 F_N 是雪橇对冰道的压力，它的大小等于雪橇和货物的总重量 G。

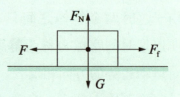

图 2.1.9　雪橇受力分析

钢和冰之间的动摩擦因数 μ 可以从表 2.1.1 中查出，为 0.02。由此求出 F_f，从而求出 F。

解　依题意可知 $G = mg = 3.0 \times 10^4 \times 9.8$ N，$\mu = 0.02$。雪橇做匀速运动，则有

$$F = F_f$$
$$F_f = \mu F_N$$

又因为
$$F_N = G$$

所以
$$F = \mu G$$

代入数值得

$$F = 0.02 \times 3.0 \times 10^4 \times 9.8 \text{ N} = 5.88 \times 10^3 \text{ N}$$

反思与拓展

如果马拉雪橇加速前进，这时摩擦力会变化吗？为什么？

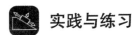 实践与练习

1. 砖是生活中常见的建筑材料，一块砖按照如图 2.1.10 所示的三种不同方式摆放，哪种摆放方式砖的重心最高？哪种摆放方式砖最稳定？

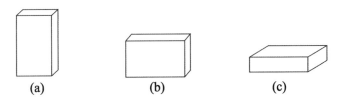

图 2.1.10　砖的摆放示意图

2. 小明为了研究弹簧的性质，找来了一根弹簧。当对它施加 1 N 的压力时，弹簧缩短了 2 cm。现对弹簧施加一个拉力，使弹簧伸长 5 cm，请问拉力应该是多大？（弹簧始终在弹性限度内）

3. 快递小哥将重为 500 N 的木箱放在水平地面上，木箱与地面间的最大静摩擦力是 128 N，动摩擦因数是 0.25，如果他分别用 60 N 和 150 N 的水平力推木箱，木箱受到的摩擦力分别是多少？

4. 在我们的生活中，摩擦力无处不在，如果离开了摩擦力，我们将寸步难行。但摩擦力也常常给我们制造麻烦。为减小物体间的摩擦力，人们想出了很多办法，比如，为减小机器部件之间的摩擦，常要加润滑油等。你还能列举出在生活中为减小摩擦力而采取的措施和方法吗？

2.2 学生实验：探究两个互成角度的力的合成规律

实验前，我们先了解几个概念。如果一个力 F 单独作用的效果跟某几个力共同作用的效果相同，我们就将力 F 称为这几个力的**合力**，这几个力称为力 F 的**分力**。求几个已知力的合力 F 的过程，称为**力的合成**。

【实验目的】

（1）探究两个互成角度的力的合成规律。
（2）理解等效替代思想的应用。

【实验器材】

所用器材有图板、白纸、图钉、刻度尺、铅笔、量角器、弹簧测力计、橡皮条、细绳套等。

【实验方案】

几个力共同作用的效果可以由一个力作用的效果来代替，我们通过实验，把这些力表示出来，然后观察比较合力与分力的关系。

【实验步骤】

（1）如图 2.2.1 所示，用图钉把白纸固定在水平桌面的图板上。

（2）用图钉把橡皮条的一端固定在 A 点，橡皮条的另一端有两个细绳套。

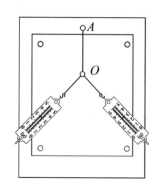

图 2.2.1 弹簧测力计拉橡皮条

（3）用两个弹簧测力计分别勾住细绳套，互成角度地拉橡皮条，使橡皮条与细绳套的结点伸长到某一位置 O 保持不动，记录两个弹簧测力计此时的示数，用铅笔描下 O 点的位置及此时两个细绳套的方向。

（4）只用一个弹簧测力计通过细绳套把橡皮条的结点拉到同样的位置 O，记下弹簧测力计的示数和细绳套的方向。

（5）改变两个弹簧测力计拉力的大小和方向，再重做两次实验。

【数据记录与处理】

（1）用铅笔和刻度尺从结点 O 沿两条细绳方向画直线，按选定的标度作出这两只弹簧测力计的拉力 F_1 和 F_2 的示意图，并以 F_1 和 F_2 为邻边用刻度尺作平行四边形，过 O 点画平行四边形的对角线，此对角线即为合力 F 的图示，如图 2.2.2 所示。

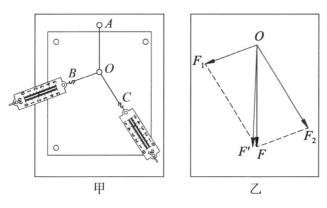

图 2.2.2　力的合成图示

（2）按同样的标度方法，用刻度尺从 O 点记下用一个弹簧测力计的示数和细绳套的方向，作出拉力 F' 的图示。

（3）比较 F 与 F' 是否完全重合或几乎完全重合，总结出两个互成角度的力的合成规律。

【交流与评价】

1. 结果与分析

经过实验探究，力的合成遵循什么规律？

2. 交流与讨论

（1）用两个弹簧测力计勾住细绳套互成角度地拉橡皮条时，夹角多大为宜？

（2）试简要分析产生误差的原因。

3. 实验方案优化

根据所学知识，你能设计出比本实验方案更优化的实验方案吗？

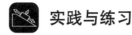 **实践与练习**

在"探究两个互成角度的力的合成规律"的实验中，某同学用图钉把白纸固定在水平放置的木板上，将橡皮条的一端固定在木板上一点，两个细绳套系在橡皮条的另一端。用两个弹簧测力计分别拉住两个细绳套，互成角度地施加拉力，使橡皮条伸长，结点到达纸面上某一位置，如图 2.2.3 所示，请将以下的实验操作和处理补充完整：

(1) 用铅笔描下结点位置，记为 O；

(2) 记录两个弹簧测力计的示数 F_1 和 F_2，分别沿每个细绳套的方向用铅笔描出几个点，用刻度尺把相应的点连成线；

(3) 只用一个弹簧测力计，通过细绳套把橡皮条的结点仍拉到位置 O，记录此时弹簧测力计的示数 F_3，_____
_____；

(4) 按照力的图示要求，作出拉力 F_1、F_2、F_3；

(5) 作出 F_1 和 F_2 的合力 F；

(6) 比较_____的一致程度，若有较大差异，对其原因进行分析，并做出相应的改进后再次进行实验。

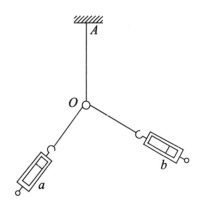

图 2.2.3　探究力的合成实验示意图

2.3 力的合成与分解

电力工人在检查高压线路时,要在电线上行走,有时还要完成各种维修工作。有哪些办法可以使他们保持身体平衡而不坠落呢?

2.3.1 力的合成

通过"探究两个互成角度的力的合成规律"实验发现,求两个共点力 F_1、F_2 的合力 F,如果以表示这两个力的有向线段为邻边作平行四边形,这两个邻边之间的对角线就表示合力的大小和方向,如图 2.3.1 所示。这个规律称为**平行四边形定则**。

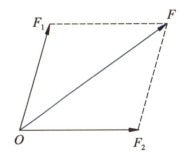

图 2.3.1 平行四边形定则示意图

用平行四边形定则求和的方法适用于一切矢量的求和。我们学过的位移、速度、加速度也是矢量,它们的合成也遵循平行四边形定则求和的方法。

合力与分力的关系是建立在作用效果等同的基础上的,合力的大小与分力的大小、分力的方向之间的夹角有关。如表 2.3.1 所示是两个分力大小不变、夹角不同时的合力。

表 2.3.1 合力与分力的讨论

两个分力的方向	夹角 α	合力 F
F_1 F_2 F (同向)	$α = 0°$	$F = F_1 + F_2$
F_2、F、F_1 构成平行四边形,夹角 α	$0° < α < 90°$	$F < F_1 + F_2$

31

续表

两个分力的方向	夹角 α	合力 F
(图：F_1水平，F_2竖直，合力 F，夹角 α)	$\alpha=90°$	$F=\sqrt{F_1^2+F_2^2}$
(图：F_1、F_2夹角钝角，合力F)	$90°<\alpha\leqslant 180°$	$F<\sqrt{F_1^2+F_2^2}$
(图：F_2与F_1反向，合力F)	$\alpha=180°$	$F=|F_1-F_2|$

合力与分力之间的大小关系可以归纳出如下规律：
$$|F_1-F_2|\leqslant F\leqslant F_1+F_2$$

方法点拨

用合力代替多个力，用作用于重心的重力代替物体上分布的重力，用总电阻代替串联、并联的各个电阻等，都是一种简化问题的方法，叫作等效法。等效法并非实物的代替，而是根据物理原理进行思维上的转换，这是物理中常用的方法。

例1

一气球重为 3 N，在空中受到的水平风力为 12 N，向上的空气推力为 8 N，求它受到的合力大小。

分析 这是求三个共点力的合成问题。如图 2.3.2 所示，首先合成 F_2 和 G，可得到一个向上的力 F_3，再合成 F_1 和 F_3，根据勾股定理，得出气球所受的合力。

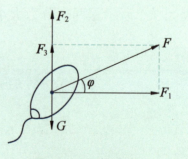

图 2.3.2 气球在空中的受力分析

解 $F_3=F_2-G=(8-3)\text{ N}=5\text{ N}$

$$F=\sqrt{F_1^2+F_3^2}=\sqrt{12^2+5^2}\text{ N}=13\text{ N}$$

反思与拓展

力是矢量,要准确描述其性质,既要知道大小,也要知道方向。描述合力方向时可以用 φ 角来表示。根据平行四边形定则,可用作图法求解合力。

2.3.2 力的分解

求一个力的分力的过程称为**力的分解**。力的分解是力的合成的逆运算,因此同样遵循平行四边形定则。力的合成是唯一的,但力的分解却有无数种可能,如图 2.3.3 所示。

为了方便计算,我们常常把力分解为相互垂直的两个分力,称为**正交分解**。如图 2.3.4 所示,人斜向上拉着行李箱,拉力 F 与水平方向的夹角为 θ,人对箱子的拉力可以分解为沿水平方向的分力 F_1 和沿竖直方向的分力 F_2。力 F_1 和 F_2 的大小分别为

$$F_1 = F\cos\theta$$
$$F_2 = F\sin\theta$$

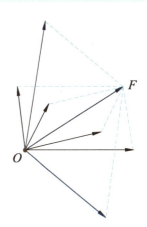

图 2.3.3 一个力有多种分解方式

如图 2.3.5 所示,重力为 G 的物体放在倾斜角为 θ 的斜面上,其重力一般分解为沿斜面方向的分力 F_1 和垂直于斜面方向的分力 F_2,其中

$$F_1 = G\sin\theta$$
$$F_2 = G\cos\theta$$

图 2.3.4 人拉行李箱

2.3.3 共点力的平衡

我们看到,方向不同的力产生的效果也不同,方向是力的一个要素,也是速度等物理量的要素。像力、速度这样既有大小又有方向的物理量叫作**矢量**。对矢量的运算要遵循平行四边形定则。

像时间、质量这样只有大小没有方向的物理量叫作**标量**,标量遵循代数运算法则。

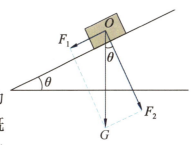

图 2.3.5 重力分解示意图

信息快递

矢量的方向：首先选定一个正方向，若矢量为正，表示该矢量跟选定的正方向相同；若矢量为负，表示该矢量跟选定的正方向相反。

一个物体受到几个力的作用，如果这几个力有共同的作用点或者这几个力的作用线交于一点，那么这几个力称为共点力。

我们常说的一个物体处于平衡状态是指物体保持静止，或者处于匀速直线运动（或匀速转动）状态。工程技术中如建筑物、桥梁、起重机等都需要保持平衡状态。

在共点力作用下，物体保持平衡的条件是什么呢？在初中我们学过，物体受两个共点力作用时，保持平衡的条件是：两个力大小相等、方向相反，即它们的合力为零。物体受三个共点力作用时，保持平衡的条件又是什么呢？

我们可以用平行四边形定则求出其中任意两个力的合力，使三力平衡转化成二力平衡，根据二力平衡条件可知，任意两个力的合力与第三个力大小相等、方向相反且在同一直线上，因此平衡条件仍然是合力为零。当物体在共点的多个力的作用下保持平衡时，沿用与此相同的推理方法，运用平行四边形定则，使之转化成二力平衡。所以在共点力作用下物体的平衡条件是合力等于零，即 $F_合 = 0$。

例2

如图 2.3.6 所示，吊灯的重为 $G = 6.0$ N，$\theta = 60°$，求绳和轻杆作用在 O 点的力的大小。

分析 O 点在 F_1、F_2 和 G 三个力的作用下处于平衡状态，G 是 F_1 和 F_2 的平衡力，即 F_1 和 F_2 的合力 G' 和 G 大小相等、方向相反，且在同一直线上。

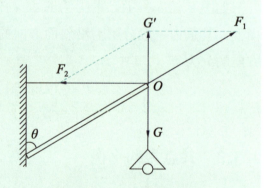

图 2.3.6 吊灯受力图

解 由直角三角形的边角关系得

$$F_1 = \frac{G'}{\cos\theta} = \frac{G}{\cos\theta} = \frac{6.0}{\cos 60°} \text{ N} = 12.0 \text{ N}$$

$$F_2 = G' \tan\theta = G \tan\theta = 6.0 \times \tan 60° \text{ N} \approx 10.4 \text{ N}$$

反思与拓展

本题也可以通过建立坐标系，利用正交分解的方法进行计算。

拓展阅读

赵州桥

赵州桥（图 2.3.7）是我国古代能工巧匠们的杰作。它横跨洨河，是单孔、坦弧、敞肩石拱桥，始建于隋代，距今已有 1 400 多年，比欧洲同类桥早了 700 多年，展现了我国古代劳动人民的智慧和高超的技术。拱桥是由许多楔形砖块砌成的，为什么拱形结构能承受很大压力呢？从图 2.3.8 所示的简化图中可以看出，站在桥中央的人和砖块"4"的合力 F 竖直向下，可以分解为对砖块"3"和"5"挤压的两个分力，人和砖块"3""4""5"看成整体，又可将力分解为对砖块"2""6"的压力，以此类推，最终全部重力都分解为对桥墩的压力。所以，拱桥能承受很大压力而不垮塌。

图 2.3.7　赵州桥

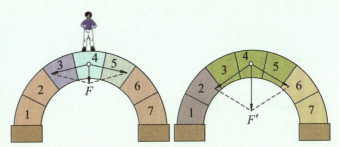

图 2.3.8　桥体受力图

实践与练习

1. 如图 2.3.9 所示，观察衣服挂在不同位置时绳子的形状。根据绳子的形状，你能判断出哪段绳子受力大、哪段绳子受力小吗？

2. 一徒步旅行者，在山区公路上看见一块质量约 200 kg 的大石头位于道路中央，影响交通安全，他身上带有一根结实的长绳，另外他发现路旁有一棵大树。他能将大石头移走吗？请说明理由。

3. 物体受到三个力的作用，大小分别是 5 N、7 N、10 N，则这三个力的合力最大是多少？最小是多少？可以使物体保持平衡吗？

4. 如图 2.3.10 所示，为了防止电线杆倾倒，常在两侧对称地拉上钢绳。如果两条钢绳间的夹角为 60°，每条钢绳的拉力都为 300 N，求两条钢绳作用在电线杆上的合力。

图 2.3.9　晾衣绳

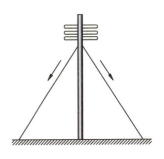

图 2.3.10　电线杆

2.4 学生实验：探究物体运动的加速度与物体受力、物体质量的关系

【实验目的】

(1) 探究物体运动的加速度与物体受力、物体质量的关系。
(2) 体会使用控制变量法探究物理规律的过程。

> **方法点拨**
>
> 当一个问题与多个因素有关时，为了探究该问题与其中某个因素的关系，就需要控制其余因素不变，只改变一个因素。这种方法称为"控制变量法"。控制变量法是科学探究中的重要思想方法，被广泛运用在科学探索和科学实验研究之中。

【实验器材】

本探究实验用到的器材有气垫导轨、气源、游标卡尺、数字毫秒计、物理天平、砝码、砝码盘、细绳等，如图 2.4.1 所示。

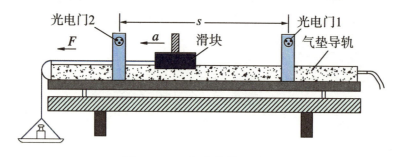

图 2.4.1 实验装置示意图

【实验方案】

为了探究物体受力和物体的质量分别对其运动的加速度产生的影响，需要使用控制变量法。本实验中，先控制物体的质量不变，探究其加速度与受力的关系；再控制物体受力不变，探究其加速度与质量的关系。

用物理天平测量物体的质量，用数字毫秒计测出挡光片经过光电门的时间，然后经过计算得出速度和加速度。拉力由物体的重力产生。

【实验步骤】

(1) 用游标卡尺测出滑块上挡光片的计时宽度 Δs，从导轨上的标尺读出两个光电

门之间的距离 s，用物理天平测出滑块的质量 M 和砝码盘的质量 m_0。

（2）在气垫导轨上不同位置放置两个光电门并与数字毫秒计连接好。给气垫导轨充气，并调平导轨。

（3）将滑块放置在气垫导轨上。在细绳的一端挂上砝码盘，另一端通过定滑轮系在滑块前端。调节滑轮的倾角，使细绳与导轨平行。

（4）在砝码盘中放入砝码，注意砝码的质量要远小于滑块的质量。将滑块从远离滑轮的另一端由静止释放，从数字毫秒计上读出滑块通过两个光电门的时间 t_1 和 t_2。

（5）保持滑块的质量不变，增加砝码盘中砝码的质量，并保证砝码及砝码盘的总质量仍远小于滑块的质量。多次重复实验，从数字毫秒计读出滑块通过两个光电门的时间。

（6）保持砝码盘中砝码的质量不变，增加或减少滑块上的砝码以改变滑块的质量。多次重复实验，从数字毫秒计上读出滑块通过两个光电门的时间。

（7）实验结束后收纳所有砝码，从导轨上拿下滑块，最后关闭气垫导轨的气源。

【数据记录与处理】

（1）记录挡光片的计时宽度 Δs、两个光电门之间的距离 s、滑块的质量 M 和砝码盘的质量 m_0。

（2）在滑块的质量不变时，增加砝码盘中砝码的质量，设放入砝码盘中砝码的质量为 m_1，则拉力 F 可用 $(m_0+m_1)g$ 代替。增加砝码的质量 m_1，记录不同拉力 F 对应的滑块通过两个光电门的时间 t_1 和 t_2，将数据填入表 2.4.1 中。

（3）加速度的计算方法。

滑块两次通过光电门的速度分别为 $v_1=\dfrac{\Delta s}{t_1}$ 和 $v_2=\dfrac{\Delta s}{t_2}$，则其运动的加速度为 $a=\dfrac{v_2^2-v_1^2}{2s}=\dfrac{(\Delta s)^2\left(\dfrac{1}{t_2^2}-\dfrac{1}{t_1^2}\right)}{2s}$。

（4）按照上述方法计算滑块所受的拉力 F 产生的加速度 a 的值，将数据填入表 2.4.1 中。

表 2.4.1 加速度与物体受力的关系（滑块的质量 M 不变）

实验序号	1	2	3	4	5	……
砝码的质量 m_1/kg						
拉力 F/N						
通过光电门 1 的时间 t_1/s						
通过光电门 2 的时间 t_2/s						
加速度 a/(m·s^{-2})						

(5) 当滑块所受的拉力一定时，设放在滑块上的砝码的质量为 m_2，则滑块的总质量 $m=M+m_2$。记录不同滑块通过两个光电门的时间 t_1 和 t_2，将数据填入表 2.4.2 中。

(6) 按照上述计算方法，将滑块的总质量 m 与相应加速度 a 的数据填入表 2.4.2 中，并计算 a^{-1} 的值。

表 2.4.2 加速度与物体质量的关系（滑块所受的拉力 F 不变）

实验序号	1	2	3	4	5	……
滑块的总质量 m/kg						
通过光电门 1 的时间 t_1/s						
通过光电门 2 的时间 t_2/s						
加速度 a/(m·s^{-2})						
加速度的倒数 a^{-1}/(m^{-1}·s^2)						

(7) 利用上面的数据，在坐标纸上绘制 a-F、a-m 和 a^{-1}-m 图像。

(8) 观察 a-F 图像的特点，判断物体运动的加速度 a 与其所受的力 F 的关系；观察 a-m 图像和 a^{-1}-m 图像的特点，判断物体运动的加速度 a 与其质量 m 的关系。

【交流与评价】

1. 结果与分析

对实验数据、图像进行分析，在质量不变的情况下，总结物体的加速度与所受的力的关系；在物体受力一定的情况下，总结物体的加速度与质量的关系。

2. 交流与讨论

(1) 本实验操作过程中要求砝码及砝码盘的总质量远小于滑块的质量，思考这样做的原因，并分组交流讨论。

(2) 简要分析误差产生的原因。

3. 实验方案优化

本实验对于拉力大小的确定，也可以采取如图 2.4.2 所示的方案。在这个方案中，根据定滑轮的性质可知，滑块受到的拉力就是弹簧测力计示数的两倍。通过直接读取示数，简化计算流程。

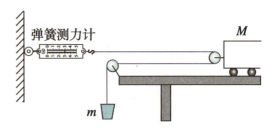

图 2.4.2 实验方案优化示意图

根据所学知识，你还能优化本实验的设计方案吗？

实践与练习

1. 不同的物理表达式有着不同的含义，试简述 $a=\dfrac{\Delta v}{\Delta t}$ 和 $a=\dfrac{F}{m}$ 这两个有关加速度 a 的表达式的物理含义。

2. 某实验小组在做本节的探究实验时，用质量分别为 M、$2M$ 和 $3M$ 的滑块进行了实验，并作出了如图 2.4.3 所示的图像。根据图像，你能得到什么结论？（请写出两点）

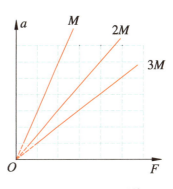

图 2.4.3　$a\text{-}F$ 图像

3. 某同学在做"探究物体运动的加速度与物体受力、物体质量的关系"的实验时，把两个实验的数据都记录在表 2.4.3 中。数据是按加速度的大小排列的，两个实验的数据混在一起，且有两个加速度数据模糊不清（表 2.4.3 中的空格）。请你把这些数据拆分填入表 2.4.4 和表 2.4.5 中。如果模糊的加速度数据是正确的，其数值应该是多少？请填入表 2.4.3 中。

表 2.4.3　实验记录表

F/N	m/kg	$a/(\text{m}\cdot\text{s}^{-2})$
0.29	0.86	0.34
0.14	0.36	0.39
0.29	0.61	0.48
0.19	0.36	0.53
0.24	0.36	
0.29	0.41	0.71
0.29	0.36	0.81
0.29	0.31	
0.34	0.36	0.94

表 2.4.4　探究加速度与力的关系（条件：$m=$ _____）

F/N					
$a/(\text{m}\cdot\text{s}^{-2})$					

表 2.4.5　探究加速度与质量的关系（条件：$F=$ _____）

m/kg					
$a/(\text{m}\cdot\text{s}^{-2})$					

2.5 牛顿运动定律

在 2 000 多年前，亚里士多德指出：力是维持物体运动的原因。大家认为他的观点正确吗？如果关闭遥控器上的开关，玩具赛车会慢慢停下来，这是为什么呢？

2.5.1 牛顿第一定律

牛顿在伽利略等人研究的基础上，经过长期的实践和探索总结得出：一切物体总保持匀速直线运动状态或静止状态，直到有外力迫使它改变这种状态为止。这就是**牛顿第一定律**。

物体保持原来的静止状态或匀速直线运动状态的性质称为**惯性**。牛顿第一定律又称为**惯性定律**。

当汽车突然开动时，汽车里的乘客会向后倾倒，如图 2.5.1（a）所示。这是因为汽车开始前进时，乘客的下半身随车前进，而上半身由于惯性还要保持静止状态。当汽车突然刹车时，乘客就会向前倾倒，如图 2.5.1（b）所示。这是因为汽车突然停止时，乘客的下半身随车厢一起停止，而上半身由于惯性还要以原来的速度前进。

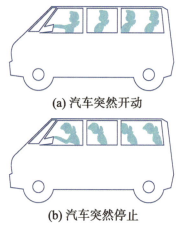

(a) 汽车突然开动

(b) 汽车突然停止

图 2.5.1 汽车里的乘客随汽车状态的变化

一切物体都具有惯性，惯性是物体的固有性质。牛顿第一定律表明，力不是维持物体运动的原因，而是改变物体运动状态的原因。

牛顿第一定律所描述的物体不受外力作用是一种理想情况。在自然界中不受力的作用的物体是不存在的。在实际问题中，牛顿第一定律可理解为：当物体受到几个力的共同作用时，若这几个力的合力为零，物体将保持原来的匀速直线运动状态或静止状态。

> **信息快递**
>
> 质量是惯性大小的唯一量度。

> 活动

用直尺快速击打硬币

如图 2.5.2 所示,准备几个硬币和一把直尺,把硬币摞在一起,用直尺快速击打最下层的硬币,看看有什么现象发生。为什么?

图 2.5.2 硬币与直尺

2.5.2 牛顿第三定律

龙舟比赛时,运动员一起向后划桨,龙舟却向前行驶;你用力推一下教室的墙,墙没动,你却被弹了出去;用力拍手,两个手一样疼。种种现象表明,两个物体间力的作用是相互的。

两个物体间相互作用的这一对力,称为作用力与反作用力。我们把其中一个力称为作用力,另一个力就称为反作用力。作用力与反作用力总是性质相同的力,它们同时出现、同时消失。

需要指出的是,作用力与反作用力是分别作用在两个物体上的力,虽然它们大小相等、方向相反,但不是平衡力。平衡力是作用在同一物体上的力。例如,如图 2.5.3 所示,放在桌面上的书跟桌面间的相互作用力是一对作用力与反作用力,即桌面对书的支持力 F_N 和书对桌面的压力 F_N',它们分别作用在书和桌面上,F_N 和 F_N' 不能平衡。只有书的重力 G 和桌面对书的支持力 F_N 这两个力同时作用在书上,它们才是一对平衡力。

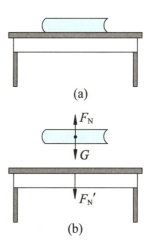

图 2.5.3 桌子与书

> 活动

观察两个弹簧测力计的示数

如图 2.5.4 所示,把 A、B 两个轻质弹簧测力计的挂钩勾在一起,用手沿水平方向拉弹簧测力计时,观察两个弹簧测力计的示数有什么关系?改变手拉弹簧测力计的力,两个弹簧测力计的示数如何变化?两个示数又有什么关系?

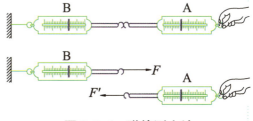

图 2.5.4 弹簧测力计

通过实验可以看到，改变手拉弹簧测力计的力，弹簧测力计的示数也随着改变，但两个示数总是相等。相互作用的两个弹簧测力计，无论它们如何被拉开，两个弹簧测力计的示数总是保持相等。这说明，两个物体之间的作用力和反作用力总是大小相等、方向相反，与运动状态无关。手一松开，两个弹簧测力计上的指针同时回到零点。这说明作用力与反作用力同时产生、同时存在、同时消失。

牛顿从大量实验中总结得出：两个物体之间的作用力和反作用力总是大小相等、方向相反，且作用在一条直线上，这就是**牛顿第三定律**。其数学表达式为

$$F = -F'$$

式中的负号表示 F 的方向与 F' 的相反。

牛顿第三定律在生活、生产和科学技术中的应用很广泛。你还能举出哪些实例？

2.5.3 牛顿第二定律

我们探究了物体运动的加速度与物体受力、物体质量的关系，并得出结论：物体的加速度与所受的作用力成正比，与物体的质量成反比，加速度的方向与作用力的方向相同。这就是**牛顿第二定律**。

物理学上规定，在国际单位制中，使质量为 1 kg 的物体产生 1 m/s² 加速度的力为 1 N。由此牛顿第二定律可用公式表示为

$$a = \frac{F}{m}$$

或

$$F = ma$$

力的单位为 N，1 N = 1 kg·m/s²。

一般来说，一个物体往往不只受到一个力的作用，当物体同时受到几个力的共同作用时，式中 F 是指作用在物体上的合力。

根据牛顿第一定律和牛顿第二定律，我们可以把运动和力的关系归纳为表 2.5.1。

表 2.5.1 运动和力的关系

受力情况	加速度情况	运动状态
$F_合=0$	$a=0$	静止或匀速直线运动
$F_合$ 恒定	a 恒定	匀变速运动
$F_合$ 随时间改变	a 随时间改变	变速运动

例如，做自由落体运动的物体，只受重力作用，根据牛顿第二定律，物体的合外力 $F=ma=mg$，因此做自由落体运动的物体的加速度为 g，加速度方向与重力方向相同。

学习应用牛顿第二定律时应注意以下几点：

（1）$F=ma$ 中各物理量是针对同一物体而言的；

（2）当物体同时受到几个力的作用时，公式 $F=ma$ 中的 F 是指作用在物体上的合外力；

（3）F 和 a 具有瞬时性，它们同时存在，同时消失，方向始终保持一致。

例题

一台起重机的钢绳下悬挂 $m=1.0×10^3$ kg 的货物，当货物以 $a=2.0$ m/s² 的加速度上升时，求钢绳中拉力的大小。

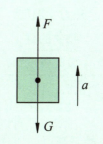

图 2.5.5 货物受力图

分析 如图 2.5.5 所示，货物在竖直方向上受到拉力 F 和重力 G，F 与 G 的合力使货物产生加速度 a。根据牛顿第二定律求出 F。

解 由 $F_合=F-G$，$F_合=ma$，可得

$F=mg+ma=1.0×10^3×(9.8+2.0)$ N $=1.18×10^4$ N

反思与拓展

如果货物加速下降，其他物理量不变，钢绳的拉力为多大？

拓展阅读

国际单位制

如果采用不同的物理量作为基本量,或者虽然采用相同的基本量,但采用的基本单位不同,导出单位自然随之不同,从而产生不同的单位制。不同的地区使用不同的单位制,会使交流不方便。1960 年,第 11 届国际计量大会制定了一种国际通用的、包括一切计量领域的单位制,称为国际单位制,简称 SI。

在力学范围内,规定长度、质量、时间为三个基本量,对热学、电磁学、光学等学科,除了上述三个基本量和相应的基本单位外,还要加上另外四个基本量和它们的基本单位(表 2.5.2),才能导出其他物理量的单位。

表 2.5.2 国际单位制中的基本单位

物理量名称	物理量符号	单位名称	单位符号
长度	l	米	m
质量	m	千克(公斤)	kg
时间	t	秒	s
电流	I	安[培]	A
热力学温度	T	开[尔文]	K
物质的量	$n,(\nu)$	摩[尔]	mol
发光强度	$I,(I_v)$	坎[德拉]	cd

注:1. 圆括号中的名称是它前面的名称的同义词。
    2. 无方括号的量的名称与单位名称均为全称。方括号中的字,在不致引起混淆、误解的情况下,可以省略。去掉方括号中的字即为其简称。

实践与练习

1. 骑自行车下坡时,若遇到紧急情况要制动,为安全起见,不能只刹住前轮,为什么?

2. 甲、乙两队开展拔河比赛,甲队胜、乙队负。有人说,拔河时甲队用的力比乙队用的力大。你认为这一说法正确吗?

3. 用一细线悬挂一个重球,重球处于静止时细线不易断开。当我们迅速拉动重球上升时,细线却容易断开。动手做一做,思考为什么迅速拉动重球上升时细线容易断开。

4. 一辆小汽车的质量是 8.0×10^2 kg,所载乘客的质量是 2.0×10^2 kg,用同样大小的牵引力(忽略阻力),如果不载人时小汽车的加速度是 1.5 m/s^2,那么载人时小汽车的加速度是多少?

2.6 牛顿运动定律的应用

起重机在工作时,既要关注货物的质量,也要注意吊起货物的加速度,二者都会影响钢丝绳的拉力。那么货物的质量、所受拉力、速度、加速度等物理量之间有怎样的内在联系呢?

牛顿运动定律把力和运动联系了起来,联系的纽带就是加速度。匀变速直线运动公式和牛顿第二定律公式中均有加速度,因此运用牛顿运动定律解答的问题有以下两种类型。

第一,已知物体的受力情况,求运动情况。已知物体受力 F,根据牛顿第二定律求出加速度 a,再用运动学公式计算物体的运动情况,如 s、t、v 等。

第二,已知物体的运动情况,求受力情况。已知物体的运动情况,如 s、t、v 等,用运动学公式求得加速度 a,然后用牛顿第二定律计算物体的受力 F。

用牛顿运动定律解决问题有以下几个关键步骤:根据题意确定研究对象;对研究对象进行隔离,分析受力情况,画出受力分析图;建立合适的坐标系,将物体所受的力沿坐标轴方向进行正交分解;列出牛顿第二定律的方程和有关的辅助方程;解方程,并对结果进行分析和讨论。

例1

如图 2.6.1(a)所示,物块由静止开始沿斜面下滑,已知斜面的倾角 α 为 30°,接触面的动摩擦因数为 0.25,求物块下滑的加速度。

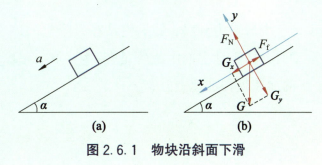

图 2.6.1 物块沿斜面下滑

分析 这是一个已知物体的受力情况，求运动情况的问题。首先，要确定问题的研究对象，分析物块的受力情况。物块受到三个力的作用：重力 G，方向竖直向下；斜面的支持力 F_N，方向垂直于斜面向上；滑动摩擦力 F_f，方向沿斜面向上，如图 2.6.1(b) 所示。

其次，分析物块的运动情况。物块在垂直于斜面方向上的受力是平衡的，沿斜面方向有加速度，所以物块沿斜面做匀变速直线运动。

建立直角坐标系，将 G 正交分解为 G_x 和 G_y，应用牛顿运动定律列方程求解。

解 以沿斜面向下为 x 轴正方向、垂直于斜面向上为 y 轴正方向建立直角坐标系，对物块进行受力分析。y 方向有

$$F_N - G_y = 0$$
$$F_N - mg\cos\alpha = 0$$
$$F_N = mg\cos\alpha$$

则
$$F_f = \mu F_N = \mu mg\cos\alpha$$

x 方向有

$$F_合 = G_x - F_f$$
$$F_合 = ma$$
$$G_x - F_f = ma$$
$$mg\sin\alpha - F_f = ma$$

即
$$mg\sin\alpha - \mu mg\cos\alpha = ma$$
$$a = g\sin\alpha - \mu g\cos\alpha = g(\sin 30° - 0.25\cos 30°)$$
$$= 10 \times \left(\frac{1}{2} - 0.25 \times \frac{\sqrt{3}}{2}\right) \text{ m/s}^2 \approx 2.8 \text{ m/s}^2$$

反思与拓展

求出加速度后，进而可以应用运动学公式求出物块在任意时刻的位置与速度。

例2

如图 2.6.2 所示，一个质量为 60 kg 的学生站在升降机的体重计上，当升降机在以下三种情况下运动时，体重计上的示数各是多少？（取 $g = 10 \text{ m/s}^2$）

(1) 以 0.5 m/s² 的加速度匀加速上升；

(2) 以 2 m/s 的速度匀速上升；

(3) 以 0.5 m/s² 的加速度匀加速下降。

分析 人对体重计的压力和体重计对人的支持力是一对作用力和反作用力，根据牛顿第三定律，只要求出后者，前者就知道了。以人为研究对象，进行受力分析，然后根据牛顿第二定律列方程求解。

解 以该学生为研究对象，已知 $m=60$ kg，则 $G=mg=60×10$ N$=600$ N。

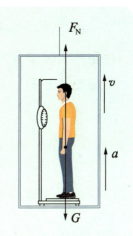

图 2.6.2 升降机

如图 2.6.2 所示，对人进行受力分析，他受到重力 G 和体重计的支持力 F_N 的作用。取竖直向上的方向为正方向。

(1) 已知 $G=600$ N，$a=0.5$ m/s²，加速度的方向竖直向上。

根据牛顿第二定律 $F_N-G=ma$ 可得

$$F_N=G+ma=(600+60×0.5)\text{ N}=630\text{ N}$$

(2) 已知 $G=600$ N，$a=0$ m/s²。

根据牛顿第二定律 $F_N-G=ma=0$ 可得

$$F_N=G=600\text{ N}$$

(3) 已知 $G=600$ N，$a=-0.5$ m/s²，加速度的方向竖直向下。

根据牛顿第二定律 $F_N-G=ma$ 可得

$$F_N=G+ma=[600+60×(-0.5)]\text{ N}=570\text{ N}$$

由牛顿第三定律可知，体重计的示数在数值上等于体重计对人的支持力，所以，在上述三种情况下体重计的示数分别是 630 N、600 N、570 N。

反思与拓展

上述三种情况下人的重力始终没有变化，而人对体重计的压力发生了变化。想要准确称量体重，需要怎样测量？

 生活·物理·社会

失重与超重

重力是由于地球的吸引而产生的，在讨论失重和超重问题时，把重力称为真重。一个物体在地球同一地方的真重不变。人静止不动站在体重计上，体重计的示数就是人的真重 G。当人在体重计上加速向下蹲——人的重心加速向下运动时，体重计上的示数还是 G 吗？不妨试一试。

为了便于叙述，我们把体重计的示数称为视重。根据牛顿第三定律，视重等于体重计对人的支持力 F_N 的大小。当人突然下蹲时，人的重心向下做加速运动，如图 2.6.3 所示，人所受的合力向下，根据牛顿第二定律，有

$$G - F_N = ma$$
$$F_N = G - ma < G$$

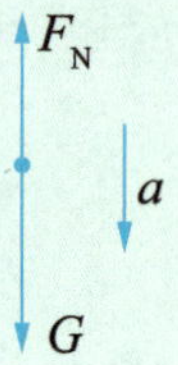

图 2.6.3 加速下降

这种视重小于真重的现象，叫作失重。向下的加速度越大，失重越多。

当蹲着的人突然站起时，人的重心向上做加速运动，如图 2.6.4 所示，人所受的合力向上，根据牛顿第二定律，有

$$F_N - G = ma$$
$$F_N = G + ma > G$$

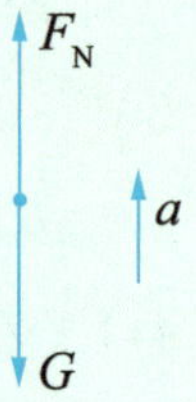

图 2.6.4 加速上升

这种视重大于真重的现象，叫作超重。向上的加速度越大，超重越多。

乘坐升降电梯时，电梯由低层向高层启动的过程中，加速度方向向上，人处于超重状态；电梯将到高层而减速时，虽然速度向上，但加速度方向向下，人处于失重状态。电梯由高层向低层启动的过程中，加速度方向向下，人处于失重状态；电梯将到低层而减速时，加速度方向向上，人处于超重状态。

人在超重和失重状态下，感觉一样吗？谈谈你的感受。

实践与练习

1. 质量为 3.0×10^3 kg 的卡车紧急刹车后仍发生了车祸。交通警察进行事故调查时，测量出卡车车轮在路面上滑出的擦痕长为 12 m。根据路面与车轮间的动摩擦因数 0.90，警察怎样估算出该车是否超速？（设该路段限速为 40 km/h）

2. 一辆载货的汽车总质量为 4.0×10^3 kg，牵引力为 4.8×10^3 N，从静止开始运动，经过 10 s 前进了 40 m，则汽车受到的阻力是多少？

3. 滑冰者停止用力后，在平直的冰面上前进了 80 m 后静止。如果滑冰者的质量为 60 kg，动摩擦因数为 0.015，求滑冰者受到的摩擦力和初速度的大小。

4. 升降机以 0.5 m/s² 的加速度加速上升。升降机地板上有一质量为 60 kg 的物体，求物体对升降机地板的压力。当升降机减速上升，加速度大小为 0.5 m/s² 时，求物体对升降机地板的压力。

小结与评价

内容梳理

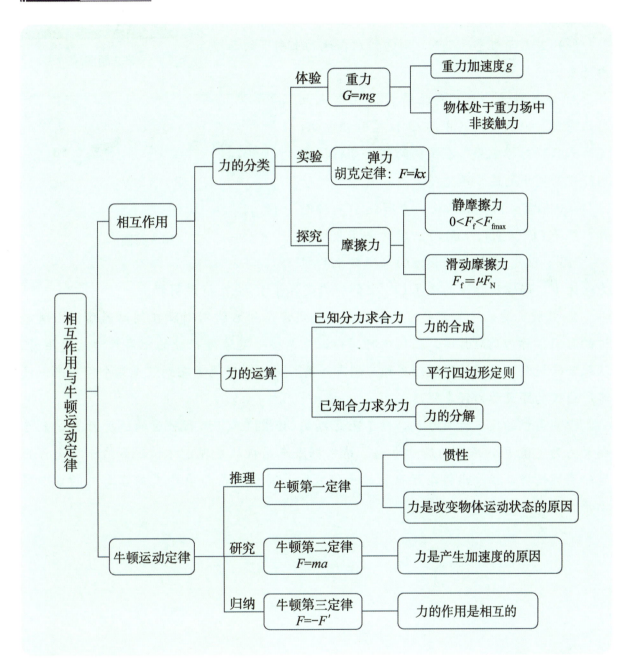

问题解决

1. 一重 600 N 的物体放在水平地面上,要使它从原地移动,最小要用 190 N 的水平推力。若移动后只需 180 N 的水平推力即可维持物体匀速运动,则

(1) 物体与地面间的最大静摩擦力有多大?

(2) 物体与地面间的滑动摩擦力有多大？

(3) 用 250 N 的水平推力使物体运动后，物体受到的摩擦力有多大？

2. 工人在推动一台割草机，施加的力的大小为 100 N，方向如图所示。

第 2 题图

(1) 画出 100 N 力的水平分力和竖直分力。

(2) 若割草机重 300 N，则它作用在地面上向下的压力是多少？

3. 如图所示，七只狗拉着雪橇在雪地上匀速前行。一只头狗在中间 Q 位置引领方向，其余六只狗对称地分布在头狗两侧。可将该情形简化为图中的连线示意图，连接雪橇的绳子 OP 沿 y 轴负方向，六只狗的分布关于 y 轴对称，绳子 OB、OD、OF 与 x 轴的夹角分别为 $30°$、$45°$、$60°$。已知与狗相连的每根绳上的拉力均为 F，与雪橇相连的绳子 OP 上的拉力是否等于 $7F$？请说明理由。

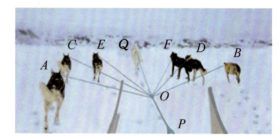

第 3 题图

4. 驾驶员看见汽车前方的物体后，从决定停车到右脚刚刚踩在制动器踏板上所经过的时间，称为反应时间。在反应时间内，汽车按一定速度行驶的距离称为反应距离。从踩紧踏板到车停下的这段距离称为刹车距离。司机从发现情况到汽车完全停下来，汽车所通过的距离称为停车距离。

设某司机的反应时间为 t_0，停车距离为 s。如果汽车正常行驶时的速度为 v_0，刹车制动力为定值 F_f，汽车的质量为 m。请根据汽车司机从发现前方情况到汽车完全停止这一实际情境，推导出停车距离 s 的表达式，并写出两条与表达式内容有关的短小警示语。

第 3 章
曲线运动

　　打铁花，是流传于豫晋地区的传统烟火活动，属国家级非物质文化遗产之一。滚烫的铁花在空中划过完美的弧线，为夜色增添了几分光彩。

　　在自然界中，有很多物体的运动轨迹是曲线，如田径场上投掷出的链球、公转的地球等。如何研究这些运动呢？本章我们将通过研究曲线运动，学习平抛运动和匀速圆周运动的规律。

主要内容
- ◎ 曲线运动的描述
- ◎ 运动的合成与分解
- ◎ 学生实验：探究平抛运动的特点
- ◎ 抛体运动
- ◎ 匀速圆周运动

3.1 曲线运动的描述

运动员投出的标枪的运动轨迹是曲线，标枪在做曲线运动。标枪为什么做曲线运动而不是做直线运动呢？

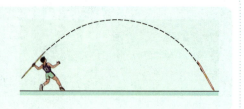

3.1.1 认识曲线运动

日常生活中，物体的运动轨迹一般是比较复杂的曲线。物体沿曲线所做的运动称为曲线运动。做曲线运动的物体，在不同时刻、不同位置的运动方向一般都是不同的。

活动

观察曲线轨道中钢球的运动方向

曲线轨道由 AB 和 BC 两段轨道组成，把曲线轨道放置在水平桌面上，如图 3.1.1 所示。首先将两段轨道拼接在一起，钢球由 C 端进入轨道，由 A 端离开轨道。为了描述钢球运动的速度方向，在轨道下面放上白纸，让钢球沾上墨水，钢球就会在白纸上留下运动的轨迹，观察并标出钢球在 A 端的运动方向。拆去 AB 段轨道，将出口改在 B 端，观察并标出钢球在 B 端的运动方向。
观察在曲线轨道任意位置钢球的运动方向。

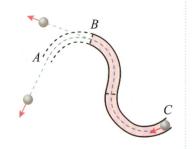

图 3.1.1 钢球在轨道中运动

由实验观察到，钢球运动到曲线轨道末端后做直线运动，且直线是曲线轨迹末端的切线，钢球在某点的运动方向为该点处曲线的切线方向。

> 📖 **方法点拨**
>
> 物理学中，观察是科学研究的第一步，观察能激发理性的思考。通过对物体运动轨迹的观察，可以发现物体做曲线运动的速度方向。

做曲线运动的物体，其瞬时速度的方向是怎样的？平均速度的方向取决于位移的方向，而瞬时速度的方向取决于物体某时刻的运动方向。通过实验观察小球的运动方向，可以看出小球在曲线轨道末端的速度方向就是此时曲线轨迹的切线方向。

大量事实表明，做曲线运动的物体，其速度方向是时刻改变的，物体在某一点的瞬时速度的方向是该点的切线方向。图 3.1.2 中标出了曲线上 A、B 两点的切线方向，即为物体在 A、B 两点的速度方向。

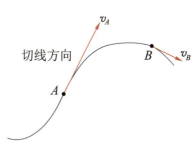

图 3.1.2　曲线运动的速度方向

由于速度是矢量，速度大小或者方向变化（或两者均变化），物体就有加速度。曲线运动的速度方向时刻在变化，所以曲线运动是变速运动。

3.1.2　物体做曲线运动的条件

物体做曲线运动是有条件的，那么在什么情况下物体做曲线运动呢？

> **活动**
>
> ### 观察钢球的运动轨迹
>
> 如图 3.1.3 所示，在水平桌面上放置斜面轨道，让钢球沿斜面滚下，观察钢球的运动轨迹。在其运动轨迹旁放一块磁铁，再观察钢球沿斜面滚下时的运动轨迹。
>
>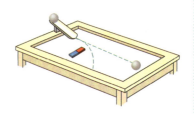
>
> 图 3.1.3　磁铁改变钢球的运动轨迹

由实验可以观察到，钢球受到磁力的作用后由原来的直线运动改做曲线运动。从物体受力的角度分析，磁力的方向与钢球的速度方向不在同一条直线上时，钢球做曲线运动。

当物体所受合力的方向与其速度方向在同一条直线上时,物体做直线运动;当物体所受合力的方向与其速度方向不在同一条直线上时,物体做曲线运动。

标枪为什么做曲线运动而不是直线运动?如果忽略空气阻力的作用,标枪在运动过程中仅受重力作用,其速度方向与重力方向不在同一条直线上,所以标枪做曲线运动。

物理与职业

运动装备设计师

运动装备是可用于保护人们,或用作帮助人们进行运动的工具。因此,运动装备的设计除了需要兼具舒适性、时尚性外,还要考虑到物理和人体工学理论,进而提升人们的运动体验。在产品设计前,运动装备设计师需要先对运动体位、运动场域、运动频度、运动偏移方向等因素进行测量和分析,以适配不同的运动需求。

智能运动手表就是一种便捷的运动监测设备。如图 3.1.4 所示是智能运动手表监测的运动员运动路线、心率、公里数等数据。除了智能运动手表外,还有很多其他的运动装备,如室内滑雪训练器、AR 智能泳镜、3D 打印运动鞋等,作为新时代的健康监测工具,未来人们对科技化的运动装备的需求将持续增加。

图 3.1.4 智能运动手表监测数据图

运动装备设计师是专门从事运动装备设计的专业人员,他们负责设计和开发各种运动装备,如运动鞋、运动服装、运动配件等。运动装备设计师需要考虑运动装备的功能性、舒适性、安全性、耐用性和美观性等多个方面,以满足不同运动项目和不同运动员的需求。

要成为一名运动装备设计师,需要了解运动装备的基本原理和设计要求,了解不同运动项目的特点和要求,以及人体工学、材料科学等相关领域的知识,以便更好地设计符合要求的运动装备。要能熟练使用设计软件,如 AutoCAD、Adobe Photoshop、Illustrator 等,进行设计和制作效果图。设计师还需要随时关注市场趋势和消费者需求的变化,与不同的部门和客户进行沟通及协作,设计出与众不同的产品。

实践与练习

1. 如图 3.1.5 所示是跳水运动员在空中采用向前翻腾动作跳水时的轨迹示意图，画出跳水运动员在 A、B、C、D 各点的速度方向。

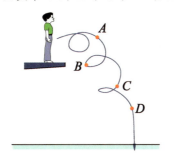 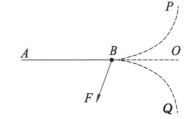

图 3.1.5　跳水运动轨迹示意图　　图 3.1.6　质点受力 F 后的可能轨迹

2. 如图 3.1.6 所示，一质点沿 AB 方向做匀速直线运动，当质点运动到 B 点时加上一个力 F。请判断此后该质点的运动轨迹最接近图中哪条虚线。

3. 下列说法正确的是（　　）

A. 物体在恒力作用下不可能做曲线运动

B. 物体在变力作用下一定做曲线运动

C. 物体的速度方向与合力方向不在同一条直线上时，物体一定做曲线运动

D. 做曲线运动的物体所受合力的方向一定是变化的

3.2 运动的合成与分解

射箭是室外项目，射箭比赛对天气的要求非常高。在赛场上，每个箭靶的上方都插着一面小旗，运动员通过观察小旗来确定风向，从而调整瞄准方向。为什么要通过确定风向来调整瞄准方向呢？

在 17 世纪，伽利略提出了研究曲线运动的方法，该方法是把曲线运动分解为两个方向相互垂直的运动。通常把曲线运动看成两个相互垂直的简单直线运动的组合，只要知道每个分运动的规律，就可以得到合运动的规律，从而使曲线运动问题的研究变得容易。下面以小船渡河问题为例分析运动的合成与分解。

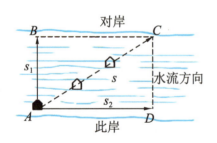

图 3.2.1 小船在河水中运动

如图 3.2.1 所示，若河水不流动，船始终垂直于河对岸以速度 v_1 匀速划动，经过时间 t，小船会从 A 处匀速运动到河对岸的 B 处，位移为 s_1。若小船没有划动，河水均匀流动速度为 v_2，在相同的时间 t 内，河水会使小船从 A 点匀速运动到 D 点，位移为 s_2。若小船在流动的河水中匀速划动，经过相同的时间 t，小船从 A 点运动到河对岸的 C 点，位移为 s。

位移为矢量，其合成遵循平行四边形定则。由位移的矢量合成可知，A、C 两点间的位移 s 为 AB 段位移 s_1 和 AD 段位移 s_2 的矢量和，位移 AB 与 AD 垂直，由勾股定理可知小船从 A 点运动到河对岸 C 点的位移大小为 $s=\sqrt{s_1{}^2+s_2{}^2}$，如图 3.2.2 所示。

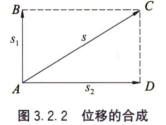

图 3.2.2 位移的合成

小船从 A 点到 C 点的运动，可看成是 AB 段的匀速直线运动和 AD 段的匀速直线运动两个分运动的合运动。由于两个分运动的方向相互垂直，由勾股定理可知，小船从 A 点运

动到河对岸的 C 点合运动的速度 v 的大小为 $v=\sqrt{v_1^2+v_2^2}$，如图 3.2.3 所示。

既然一个运动可以看成两个分运动的组合，那么两个分运动在一段时间内的位移、速度和加速度等物理量的矢量和就是该段时间内物体合运动的位移、速度和加速度。**这种已知分运动求合运动的方法，称为运动的合成；反之，由已知的合运动求分运动的方法，称为运动的分解。**

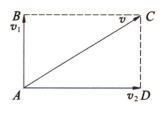

图 3.2.3 速度的合成

方法点拨

一个运动可以看成两个或几个运动的合成，这两个或几个运动是同时进行的且互不干扰，称为运动的独立性。在研究比较复杂的运动问题时，运用运动合成的方法是十分有效的。同时，这一方法的运用要注意合运动与分运动之间、各分运动之间都具有等时性的特点。

例题

小船在静水中的运动速度为 4 m/s，若河水流速为 2 m/s，则小船的船头应指向哪个方向才能恰好到达河的正对岸？渡河时间为多少？（设河的宽度为 700 m）

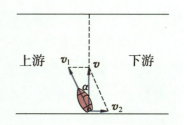

图 3.2.4 小船过河示意图

分析 如图 3.2.4 所示，设小船在静水中的速度 $v_1=4$ m/s，已知河水流速为 $v_2=2$ m/s，为了使小船恰好到达河的正对岸，由运动的合成可知，河水流速 v_2 与小船在静水中的速度 v_1 的合速度 v 的方向需要与河岸垂直。由几何关系可求解 v_1 与 v 之间的夹角及合速度；利用已知条件河宽 $x=700$ m，可求解渡河时间。注意合运动与分运动之间、各分运动之间都具有等时性的特点。

解 由几何关系可知 $\sin\alpha=\dfrac{v_2}{v_1}=\dfrac{2}{4}=0.5$，解得 $\alpha=30°$。

小船应朝与河岸垂直方向偏左 30° 的方向行驶，才能恰好到达河的正对岸。

由勾股定理得到合速度的大小为

$$v=\sqrt{v_1^2-v_2^2}=\sqrt{4^2-2^2}\ \text{m/s}\approx 3.5\ \text{m/s}$$

渡河时间为

$$t=\dfrac{x}{v}\approx\dfrac{700}{3.5}\ \text{s}=200\ \text{s}$$

反思与拓展

本例的合速度是 $v=\sqrt{v_1^2-v_2^2}$，在图 3.2.3 中合速度是 $v=\sqrt{v_1^2+v_2^2}$，为什么都是合速度，结果的表达式却不同？

在本例中，若小船在行驶的过程中始终保持船头的指向垂直于河岸，则渡河时间是多少？小船到达对岸时向下游偏移的位移是多少？

 实践与练习

1. 关于合运动与分运动的关系，下列说法正确的是（ ）

A. 合运动的速度一定大于分运动的速度

B. 合运动的速度可以小于分运动的速度

C. 合运动的位移就是两个分运动位移的代数和

D. 合运动的时间与分运动的时间不一样

2. 某同学做投篮运动，当他以 10 m/s 的初速度，与水平方向成 60°的倾角，将篮球斜向上投出时，求篮球的初速度沿水平方向和竖直方向的分速度的大小。

3. 在雪地军事演习中，射击者坐在向正东方向行驶的雪橇上，已知子弹射出时的速度是 500 m/s，雪橇的速度是 10 m/s，要射中位于射击者正北方的靶子，必须向什么方向射击？（结果可用三角函数表示）

3.3 学生实验：探究平抛运动的特点

【实验目的】

（1）学会描绘物体做平抛运动轨迹的方法。

（2）根据运动的合成与分解，将平抛运动分解为水平方向的匀速直线运动和竖直方向的自由落体运动，通过实验验证其正确性，为运动的合成与分解提供证据。

【实验器材】

描绘平抛运动轨迹的实验装置（图3.3.1），包括释放小球用的底部水平的斜槽、斜槽上的释放装置、一块竖直板、方格纸和复写纸、带凹槽的挡板、计时器。

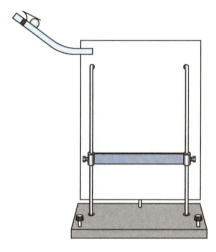

图 3.3.1 平抛运动实验装置示意图

【实验方案】

当物体以一定的初速度沿水平方向抛出，不考虑空气阻力，物体只在重力作用下运动称物体做平抛运动。平抛运动中物体只受重力作用，且具有沿水平方向的初速度。根据运动的合成与分解及牛顿运动定律，可以将平抛运动分解为水平方向的匀速直线运动和竖直方向的自由落体运动。本实验根据此原理设计、验证以上猜想。

利用如图3.3.1所示的实验装置获得小球做平抛运动的轨迹。在斜槽顶部释放一个小球，当这个小球到达斜槽底部时做水平运动，撞击到放置在斜槽水平出口处的另一个质量稍小的小球后，两球同时飞出，同时落下，其中一个小球做平抛运动，另一个做自由落体运动，从中可以得出平抛的小球与直接下落的小球在竖直方向的运动是相同的。

把挡板放在不同的高度，使小球落在凹槽中。由于小球受到凹槽的挤压会通过复写纸在方格纸上留下落点的位置，从而在方格纸上留下小球做平抛运动的轨迹。通过小球落点的位置描绘平抛运动的轨迹，探究平抛运动水平方向和竖直方向分运动的规律。

【实验步骤】

（1）把一个小球放在斜槽的水平出口处，一个小球放在斜槽上方的释放处，释放上方的小球，让其自由滚下，撞击下方的小球，观察两球是否同时下落。分别调整挡板的位置，更换不同的小球，听两球下落到下面挡板的声音是否同时，判断被撞出的小球的下落规律是否与做自由落体运动的小球下落规律相同。

（2）在竖直板上依次附上方格纸和复写纸，将挡板固定在某一高度，把小球卡在斜槽释放装置上，释放小球使其由静止沿斜槽滚下，小球落在挡板的凹槽里，在方格纸上会留下标记。

（3）改变挡板的高度，重复步骤（2）。注意把小球卡在斜槽的释放装置上，保证小球从斜槽的同一高度由静止下落，再次得到小球在方格纸上的落点位置；重复实验，可以在方格纸上得到小球做平抛运动过程中的多个落点位置，从而获得小球的运动轨迹。

实验结束后取下方格纸。实验过程中应注意挡板的放置高度按照从高到低或从低到高的顺序放置。

【数据记录与处理】

从竖直板上取下方格纸，用平滑曲线连接各落点位置，得到小球做平抛运动的轨迹。以小球在斜槽底部水平飞出点为原点，以水平向右为 x 轴正方向，竖直向下为 y 轴正方向，建立直角坐标系。用刻度尺测量小球在水平方向的位移和竖直方向的位移。

（1）把测量的数据填入表3.3.1中。

表3.3.1　小球在水平方向的位移 x 和竖直方向的位移 y 实验数据记录表

物理量	位置1	位置2	位置3	位置4	位置5
x/m					
y/m					

（2）分析平抛运动小球在水平方向的位移及竖直方向的位移之间的关系，从数据分析总结平抛运动的特点。

【实验结论】

由实验数据可以推断出，平抛运动可分解为竖直方向上的自由落体运动和水平方向上的匀速直线运动。

【交流与评价】

（1）如何保证小球抛出后的运动是平抛运动？

（2）为什么小球每次要从同一位置滚下？

（3）各组就数据分析的具体过程进行交流，比较、分析实验结果的异同及其原因。

信息快递

利用手机的摄像功能，拍摄平抛物体的运动轨迹，再利用软件把多张照片进行合成，得到平抛运动的轨迹。注意记录两张照片的间隔时间。

（4）伽利略认为，做平抛运动的物体同时做两种运动：在水平方向上物体不受力的作用而做匀速直线运动，在竖直方向上物体受到重力作用而做自由落体运动。他假定这两个方向的运动"既不彼此影响干扰，也不互相妨碍"，物体的实际运动就是这两个运动的合运动。现在我们利用实验进行验证，你的实验结果能否验证伽利略的观点？说说你的理由。

（5）尝试利用手机记录抛体运动轨迹。

实践与练习

1. 根据实验设计及数据撰写"探究平抛运动的特点"的实验报告，报告内容包括实验目的、设计原理、实验原始数据及分析。在报告中呈现设计的实验表格以及数据分析过程和实验结论。

2. 在"探究平抛运动的特点"的实验中，下列做法可以减小实验误差的是（　　）

A. 使用体积更小的球

B. 尽量减小球与斜槽间的摩擦

C. 使斜槽末端的切线保持水平

D. 使小球每次都从同一高度由静止开始滚下

3. 图 3.3.2 是一小球做平抛运动时被拍下的频闪照片的一部分，背景标尺每小格边长表示 5 cm。由这张照片求小球做平抛运动的初速度大小。

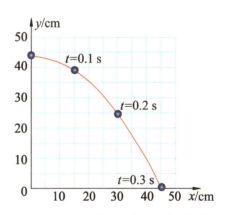

图 3.3.2　平抛小球的频闪照片

3.4 抛体运动

黄果树瀑布是我国雄奇的大瀑布之一。瀑布在飞出悬崖的瞬间有初速度，如果不考虑空气阻力，在重力作用下，水流飞出后做抛体运动，水流能飞出多远？

3.4.1 平抛运动

在"探究平抛运动的特点"的实验中，由运动的合成与分解及运动的独立性分析，证明了水平抛出的小球在水平方向上做匀速直线运动，在竖直方向上做匀加速直线运动。利用这个结论分析瀑布飞出悬崖后，水流能飞出多远的问题。

在研究物体的运动时，建立合适的坐标系很重要。例如，研究物体做直线运动时，最好沿着这条直线建立一维坐标系；研究物体在平面内的运动时，可以选择平面直角坐标系。

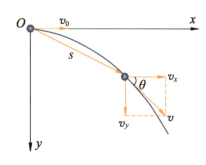

图 3.4.1 平抛运动分析

如图 3.4.1 所示，将瀑布的运动简化为一定质量的质点以水平速度抛出的平抛运动模型。以瀑布离开悬崖瞬间的位置为坐标原点 O，以水平向右的方向和竖直向下的方向分别为 x 轴和 y 轴的正方向，建立平面直角坐标系。设质点在飞出悬崖的瞬间初速度为 v_0，离开悬崖后做初速度为 v_0 的平抛运动。

在水平方向上，质点做匀速直线运动，在任意时刻的速度和位移分别为

$$v_x = v_0, \quad x = v_0 t \qquad (3.4.1)$$

在竖直方向上，质点做匀加速直线运动，即自由落体运动，质点在任意时刻的速度和位移分别为

$$v_y = gt, \quad y = \frac{1}{2}gt^2 \qquad (3.4.2)$$

根据式（3.4.1）和式（3.4.2），由平行四边形定则可

知，质点的位移是这两个分运动位移的矢量和。质点位移的大小为

$$s=\sqrt{x^2+y^2} \tag{3.4.3}$$

质点在该时刻的速度是两个分运动速度的矢量和，其大小为

$$v=\sqrt{v_x^2+v_y^2}=\sqrt{v_0^2+(gt)^2} \tag{3.4.4}$$

位移和速度的方向如图 3.4.1 所示。如果用平滑曲线把各时刻质点的位置连接起来就得到质点做平抛运动的轨迹，这个轨迹是一条抛物线。质点在平抛运动中加速度 g 的大小和方向始终保持不变，所以平抛运动属于匀变速曲线运动。

由水平和竖直方向的速度公式，可以求得任一时刻质点的分速度 v_x、v_y，则任意时刻质点实际速度的大小为 $v=\sqrt{v_x^2+v_y^2}$，任意时刻速度的方向为平抛轨迹的切线方向，可以用 v 与水平方向的夹角 θ 表示，且 $\tan\theta=\dfrac{v_y}{v_x}$，如图 3.4.1 所示。

信息快递

在平抛运动中，水平分运动、竖直分运动经过的时间相等，这称为平抛运动的等时性。有关平抛运动的问题中会涉及位移、速度与时间的关系，水平分运动、竖直分运动经过的时间相等为解两个方向的方程建立了联系。

例题

将一个物体以 10 m/s 的速度从 10 m 的高度水平抛出，落地时它的速度及速度方向与水平地面的夹角 θ 是多少？（不计空气阻力，g 取 10 m/s²）

分析 物体在水平方向不受力，所以加速度的水平分量为 0，水平方向的分速度是初速度 $v_0=10$ m/s；在竖直方向只受重力，加速度为 g，初速度的竖直分量为 0，可以应用匀变速直线运动的规律求出竖直方向的分速度。由分速度可以求得夹角 θ。

解 以物体抛出时的位置 O 为原点，建立平面直角坐标系，如图 3.4.2 所示。

根据平抛运动的规律，物体在竖直方向的距离和分速度与时间的关系分别为 $h=\dfrac{1}{2}gt^2$，$v_y=gt$。

物体落地时的速度在竖直方向的分速度为

$$v_y=\sqrt{2gh}=\sqrt{2\times10\times10}\ \text{m/s}\approx14.1\ \text{m/s}$$

落地时，物体在水平方向的分速度为

$$v_x=v_0=10\ \text{m/s}$$

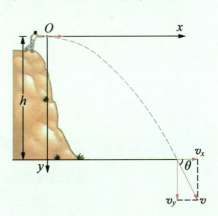

图 3.4.2 平抛运动坐标系

则有
$$\tan\theta = \frac{v_y}{v_x} = \frac{14.1}{10} = 1.41$$

解得
$$\theta \approx 55°$$

物体落地时的速度方向与水平地面的夹角 θ 约为 55°。

反思与拓展

如图 3.4.3 所示，当人在同一位置以不同的初速度水平抛出物体时，物体的落地点不同，每个物体的落地时间是否相同？

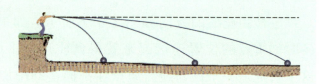

图 3.4.3 以不同速度抛出的物体

3.4.2 斜抛运动

斜抛运动是指物体以一定的初速度斜向抛射出去，在空气阻力可以忽略的情况下，物体所做的运动。斜抛运动是匀变速曲线运动，它的运动轨迹是抛物线。

斜抛运动可以看作是水平方向的匀速直线运动和竖直上抛运动的合运动，也可以看作是沿抛出方向的直线运动和自由落体运动的合运动。

斜抛运动的三要素是射程、射高和飞行时间。如图 3.4.4 所示，射程是指在一定的高度和初速度下，物体被抛出后所经过的水平距离；射高是指物体被抛出后所达到的最高点与抛出点之间的垂直距离；飞行时间是指物体从抛出点到落点的总时间。实验及研究表明，当初速度与水平方向之间的夹角一定时，初速度越大，斜抛物体达到的射高和射程越大；当初速度大小一定，初速度方向与水平方向之间的夹角为 45° 时，射程最大。斜抛运动的射高和射程是实际生产生活中所关注的主要问题。

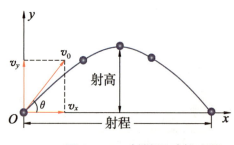

图 3.4.4 斜抛运动轨迹图

实践与练习

1. 关于平抛运动，下列说法正确的是（　　）

   A. 平抛运动是速度大小不变的曲线运动

   B. 平抛运动是加速度不变的匀变速曲线运动

   C. 平抛运动是水平方向的匀速直线运动和竖直方向的匀速直线运动的合运动

   D. 平抛运动是水平方向的匀速直线运动和竖直方向的匀加速直线运动的合运动

2. 下列说法正确的是（　　）

   A. 从同一高度，以大小不同的速度同时水平抛出两个物体，它们一定同时落地，但抛出的水平距离一定不同

   B. 从不同高度，以相同的速度同时水平抛出两个物体，它们一定不能同时落地，抛出的水平距离也一定不同

   C. 从不同高度，以不同的速度同时水平抛出两个物体，它们一定不能同时落地，抛出的水平距离也一定不同

3. 体验套圈游戏，如图 3.4.5 所示，小孩和大人在同一竖直线上的不同高度先后水平抛出小圈，且小圈都恰好套中前方同一个物体。假设小圈的运动可视为平抛运动，则（　　）

   图 3.4.5　套圈游戏

   A. 小孩抛出小圈的初速度较小

   B. 两人抛出小圈的初速度大小相等

   C. 小孩抛出小圈的运动时间较短

   D. 大人抛出小圈的运动时间较短

4. 一个小球从 1.0 m 高的桌面水平滚出，它的落地点距桌面边缘的水平距离为 2.4 m。求这个小球滚出桌面的初速度。

5. 如图 3.4.6 所示，靶盘竖直放置，A、O 两点等高且相距 4 m，将质量为 20 g 的飞镖从 A 点沿 AO 方向抛出，经 0.2 s 落在靶心正下方的 B 点。不计空气阻力，取重力加速度 $g=10$ m/s^2，求：

   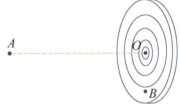

   图 3.4.6　飞镖靶

   (1) 飞镖飞行中受到的合力；

   (2) 飞镖从 A 点抛出时的速度；

   (3) 飞镖落点 B 与 O 点的距离。

3.5 匀速圆周运动

汽车在行驶过程中经常会转弯，公路在转弯处的设计是"外高内低"，即弯道路面内侧高度低于弯道外侧。为什么要这样设计？设计的原理是什么？为了回答这些问题，我们先来了解一种特殊的曲线运动——圆周运动。

3.5.1 认识圆周运动

当物体绕着一个半径固定的圆周运动时，称物体做**圆周运动**。在生产、生活和自然界中，许多过程都涉及圆周运动。例如，链球运动员双手握着链球上铁链的把手，身体转动带动链球旋转，最后链球脱手而出，链球在运动员脱手之前的运动轨迹是圆形，链球在做圆周运动。

 活动

观察小球做圆周运动

如图 3.5.1 所示，一根结实的细绳一端系一个小球，另一端用手捏住，把小球放在水平光滑的平板上，用力转动绳子使小球在平板上做圆周运动，体验手对小球的拉力。如果小球逆时针转动，标出图 3.5.1 中此时细绳对小球拉力的方向及小球的速度方向。

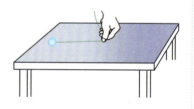

图 3.5.1 小球做圆周运动

如果物体沿着圆形轨迹以恒定的速率运动，这种运动称为**匀速圆周运动**。做匀速圆周运动物体的速度大小不变，但因物体做的是曲线运动，速度的方向是时刻变化的。

▶ **匀速圆周运动的速度方向**

在曲线运动的描述中，物体做曲线运动时，物体的速度方向为曲线轨迹的切线方向。与所有曲线运动一样，物体做匀速圆周运动时，它在任意位置的速度方向就是该位置圆周的切线方向。如图 3.5.2 所示，图中标出了 A、B、C 三点的速度方向。

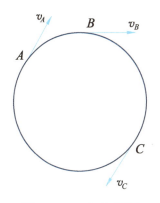

图 3.5.2　匀速圆周运动的速度方向

▶ 匀速圆周运动的线速度和角速度

如图 3.5.3 所示，做匀速圆周运动的物体在某时刻 t 经过 A 点。为了描述物体经过 A 点附近时运动的快慢，可以取一段很短的时间 Δt，物体在这段时间内由 A 点运动到 B 点，位移为 Δl，对应的弧长为 Δs。位移 Δl 与时间 Δt 之比是这段时间的平均速度。由于 Δt 时间很短，所以 $\Delta l \approx \Delta s$，物体在 A 点的瞬时速度的大小可表示为

$$v = \frac{\Delta l}{\Delta t} \approx \frac{\Delta s}{\Delta t} \quad (3.5.1)$$

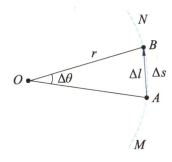

图 3.5.3　质点从 A 点移动到 B 点

将物体通过的弧长 Δs 与所用时间 Δt 之比称为物体做匀速圆周运动的**线速度**，其方向即 A 点的切线方向。在国际单位制中，线速度的单位为 m/s。物体做匀速圆周运动时，线速度大小不变，方向不断变化。

匀速圆周运动的快慢也可以用角速度来描述。如图 3.5.3 所示，做匀速圆周运动的物体从 A 点运动到 B 点，r 为圆周的半径，由几何学可知，$\overset{\frown}{AB}$ 的长度 Δs 和 $\overset{\frown}{AB}$ 对应的圆心角 $\Delta \theta$ 之间的关系为

$$\Delta s = r \Delta \theta \quad (3.5.2)$$

将式（3.5.2）代入式（3.5.1）中，则 $v = \frac{r \Delta \theta}{\Delta t}$，将半径转过的角度 $\Delta \theta$ 与所用时间 Δt 之比称为匀速圆周运动的**角速度**，用符号 ω 表示，即

$$\omega = \frac{\Delta \theta}{\Delta t} \quad (3.5.3)$$

线速度与角速度之间的关系可表示为

$$v = \omega r \quad (3.5.4)$$

做匀速圆周运动物体的角速度保持不变。在国际单位制中，角度的单位是弧度（rad），时间的单位是秒（s），角速度的单位是弧度/秒（rad/s）。

> **信息快递**
>
> 角的度量单位有角度制和弧度制两种。在弧度制中，规定圆周上长度等于半径的一段弧长所对的圆心角为 1 rad，圆周所对的圆心角为 2π rad。弧度制与角度制的换算关系是 $1 \text{ rad} = \frac{360°}{2\pi} \approx 57.3°$。

> 匀速圆周运动的周期、频率和转速

做匀速圆周运动的物体，运动一周所用的时间称为**周期**，用符号 T 表示。周期可用来描述匀速圆周运动的快慢：周期越短，运动越快；周期越长，运动越慢。在国际单位制中，周期的单位是秒（s）。由角速度的定义可知，角速度与周期之间的关系为

$$\omega = \frac{2\pi}{T} \quad (3.5.5)$$

通常也可用频率来描述周期性运动的快慢。周期的倒数称为**频率**，用符号 f 表示。频率与周期的关系为

$$f = \frac{1}{T} \quad (3.5.6)$$

频率即 1 s 内物体转动的圈数。在国际单位制中，频率的单位是赫兹，简称赫（Hz）。显然，频率越高表示物体运动越快，频率越低表示物体运动越慢。

在工程技术、生产生活中常用转速描述圆周运动的快慢，例如，发电机、电动机转动的快慢就是用转速来表示的。转速是物体一段时间内转过的圈数与这段时间之比，用符号 n 表示，单位是转/秒（r/s）或转/分（r/min）。当转速 n 以转/秒为单位时，转速与频率大小相等，即 $n=f$。

3.5.2 向心力

我们知道物体做曲线运动的条件，即当物体所受合力的方向与其运动速度方向不在同一条直线上时，物体做曲线运动。圆周运动是一种特殊的曲线运动，物体受哪些力作用可以做圆周运动呢？

 活动

体验向心力

利用图 3.5.1 所示的装置做圆周运动实验，体验手对小球的拉力。当减小旋转的速度时拉力会怎样变化？换一个质量较大的铁球进行实验，细绳的拉力会怎样变化？如果增大小球的旋转半径，拉力怎样变化？将手松开，观察小球是否能继续做圆周运动。

在上述活动中，细绳对小球的拉力的方向与小球运动的速度方向始终是垂直的。当手松开后，小球受到的重力与桌面的支持力是一对平衡力，小球不再受拉力作用，而是脱离圆周沿切线方向飞出。小球做圆周运动的力是细绳对小球的拉力，且这个力一直指向圆心。

研究表明，物体做匀速圆周运动的条件是受到与物体的速度方向垂直、始终指向圆心的合力作用，这个力称为**向心力**。向心力是根据作用效果命名的力，重力、弹力、摩擦力或者这些力的合力都可以作为向心力。下面分析几种向心力的来源。

如图 3.5.4 所示，一根结实细绳一端系一个小球，另一端固定，使小球在水平面内做圆周运动，细绳就沿圆锥面旋转，这样就构成了一个圆锥摆。小球在水平面内做圆周运动的向心力是什么力呢？

对小球进行受力分析，设小球的质量为 m，小球受到重力 mg 和绳子的拉力 T 的作用，因为小球始终只在同一个水平面内运动，所以重力和拉力的合力 $F_合$ 一定在水平面内。用平行四边形定则可以求出这两个力的合力方向是指向圆心的，正是这个指向圆心的合力使小球在水平面内做圆周运动。可见，圆锥摆中小球做圆周运动的向心力是小球的重力和绳子拉力的合力。

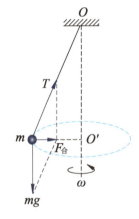

图 3.5.4 圆锥摆

如图 3.5.5 所示，在一个旋转的圆盘上，圆盘上的人和物体能随水平圆盘一起匀速转动。人或物体在做圆周运动，提供人或物体做圆周运动的向心力是什么力？

分析物体的受力情况，物体受重力 mg、支持力 F_N 和静摩擦力 F_f，重力 mg 与支持力 F_N 平衡，提供物体做圆周运动的向心力为静摩擦力。人的受力情况与物体相似，也是静摩擦力提供人做圆周运动的向心力。

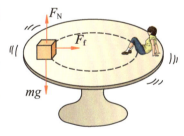

图 3.5.5 旋转圆盘

汽车在弯道转弯，相当于汽车在做圆周运动，如图 3.5.6 所示。如果弯道路面是水平的，汽车受重力、支持力和静摩擦力，此时的向心力由车轮与路面之间的静摩擦力提供。

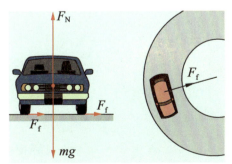

图 3.5.6 汽车转弯

活动

测量向心力

准备一段尼龙线、圆珠笔杆、弹簧测力计、一小块橡皮。让尼龙线穿过圆珠笔杆，线的一端拴小块橡皮，另一端系在弹簧测力计上，弹簧测力计固定，如图 3.5.7 所示。握住笔杆，使橡皮块平稳旋转，橡皮块近似做匀速圆周运动。橡皮块做匀速圆周运动的向心力可近似认为是尼龙线的拉力，从弹簧测力计上可读出尼龙线的拉力。当保持橡皮块做圆周运动的半径不变时，加快旋转速度，观察弹簧测力计的示数变化。保持旋转速度不变，改变圆周半径，观察弹簧测力计的示数变化。

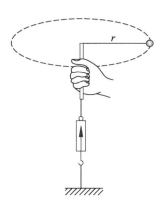

图 3.5.7 测量向心力的简易装置

通过精确实验可以探究影响向心力大小的因素。质量为 m 的物体做匀速圆周运动，匀速圆周运动的半径为 r，线速度为 v。精确实验表明，向心力的大小跟物体的质量 m、圆周半径 r 和角速度 ω 的平方成正比，即做匀速圆周运动的物体所需向心力的大小为

$$F = m\omega^2 r \qquad (3.5.7)$$

将角速度和线速度的关系式 $v = r\omega$ 代入式（3.5.7），向心力的大小也可以表示为

$$F = m\frac{v^2}{r} \qquad (3.5.8)$$

根据牛顿第二定律 $F = ma$ 可知，向心加速度的大小为

$$a = r\omega^2 \qquad (3.5.9)$$

或

$$a = \frac{v^2}{r} \qquad (3.5.10)$$

在匀速圆周运动中，由于 r、v 和 ω 的大小是不变的，所以向心加速度的大小不变，但向心加速度的方向始终指向圆心，方向一直在变化。因此，匀速圆周运动是变加速运动。

向心加速度和向心力的有关规律对非匀速圆周运动也同样适用。

例题

凸形路面是一种常见的路面，汽车在凸形路面上行驶时的运动可以看作圆周运动。一质量为 m 的汽车在桥上以速度 v 匀速行驶，桥面是半径为 R 的凸形路面，如图 3.5.8 所示。当汽车行驶到桥中央时，求汽车对桥面的压力。

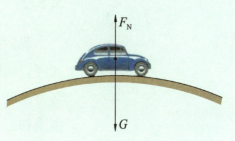

图 3.5.8 凸形路面上的汽车

分析 以汽车作为研究对象，汽车在路面上行驶时汽车可看成质点模型，汽车在凸形路面上的运动可看成是圆周运动。汽车在最高点时竖直方向受重力和桥面的支持力，则重力和支持力的合力提供汽车做圆周运动的向心力，且合力方向竖直向下，指向凸形路面的圆心。通过向心力的公式可以求解出向心力的大小，根据牛顿第二定律可求解桥面对汽车的支持力，再根据牛顿第三定律可知汽车对桥面的压力。

解 已知向心力 $F = G - F_N$，重力 $G = mg$，根据向心力公式 $F = m\dfrac{v^2}{R}$，得

$$mg - F_N = m\dfrac{v^2}{R}$$

则凸形路面对汽车的支持力为

$$F_N = mg - m\dfrac{v^2}{R}$$

由牛顿第三定律可知，桥面对汽车的支持力在数值上等于汽车对桥面的压力 $F_N{}'$，则 $F_N{}'$ 的大小为

$$F_N{}' = F_N = mg - m\dfrac{v^2}{R}$$

反思与拓展

由汽车对桥面的压力等于汽车的重力减去向心力可知，汽车对桥面的压力小于汽车的重力，而且汽车的速度越大，汽车对桥面的压力越小。我们乘坐汽车过凸形路面最高点时，如果速度过快，人就会有一种"上飘"的感觉。如果汽车路过的是凹形路面，如图 3.5.9 所示，其他条件不变，汽车行驶到路面最低点时，求汽车对凹形路面的压力。

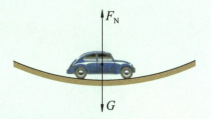

图 3.5.9 凹形路面上的汽车

3.5.3 离心现象及其应用

我们乘公交车出行，当公交车转弯时，司机师傅会减慢速度，同时车上广播会提醒乘客拉好扶手。因为如果公交车转弯速度过大，乘客身体会向弯道的外侧倾倒，造成乘客摔倒受伤。这里蕴含着什么物理原理呢？车辆急转弯时往往会发生离心现象，那么什么是离心现象呢？

> **活动**
>
> **观察墨水旋风实验现象**
>
> 制作一个陀螺，准备一块光滑、白色圆形厚纸板，用铁钉将纸板中心固定，然后在纸板上不同位置滴几滴墨水。在墨水未干之前，轻轻旋转陀螺。当陀螺停止旋转时，墨水在纸板上留下移动的轨迹，墨水痕迹呈旋风状，如图 3.5.10 所示。

图 3.5.10 墨水旋风状的图案

为什么墨水在纸板上会留下旋风状的图案？由于墨水与纸板之间存在着相互作用力，这种相互作用力提供墨水做圆周运动的向心力。当纸板旋转速度加快时，墨水需要的向心力也增加；当纸板与墨水之间的相互作用力不足以提供墨水做圆周运动所需要的向心力时，墨水就会做远离圆心的运动。陀螺速度越快，墨水离圆心越远。

我们知道做圆周运动的物体需要向心力，当其所受到的合外力小于物体做圆周运动所需要的向心力（$F_合 < m\omega^2 r$）或者合外力突然消失（$F_合 = 0$）时，会形成逐渐远离圆心的曲线或直线运动轨迹，如图 3.5.11 所示，物体做远离圆心的运动，称为离心运动，这种现象称为离心现象。

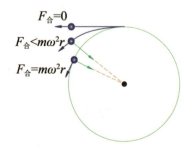

图 3.5.11 物体做圆周运动与离心运动的受力情况

图 3.5.12 洗衣机脱水示意图

如图 3.5.12 所示是洗衣机脱水示意图。洗衣机的内筒是甩干筒，筒的转轴通过传动带与电动机相连。将潮湿的衣服放入筒内后，启动电动机，甩干筒就会绕轴高速旋转，衣服中的水随着筒的旋转从筒壁的小孔中被甩出去，一会儿衣服上的水就基本上被甩没了。衣服中的水从筒壁的小孔中被甩出去的现象就是离心现象。

汽车在转弯时所做的运动，可以看成是一种局部的圆周运动。前面我们分析了在水平公路上行驶的汽车，其转弯所需向心力由车轮与路面之间的静摩擦力提供。汽车转弯时速度过大、雨天路滑、汽车质量过大等原因，都会使汽车所需向心力大于最大静摩擦力，如图 3.5.13 所示，汽车就会因为向外侧滑做离心运动而造成事故。因此，在公路弯道，车辆的行驶速度不允许超过规定的速度。

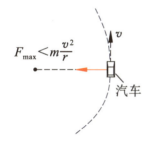 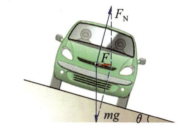

图 3.5.13　水平公路上汽车转弯　　图 3.5.14　"外高内低"的公路设计

随着我国高速公路网的建设，在高速公路转弯处，如何使汽车不必大幅减速而安全通过呢？利用弯道处"外高内低"的设计，汽车转弯时依靠重力与支持力的合力获得向心力，如图 3.5.14 所示，可以使汽车以较高的速度安全通过弯道，这样设计既能节约燃料，又提高了道路的通行能力。

离心现象在生产生活中有时也会产生危害，必须设法避免。如果公交车转弯速度过大，乘客的身体会向弯道的外侧倾倒，容易摔倒。高速转动的砂轮、飞轮等都不得超过允许的最大转速。转速过高时，砂轮、飞轮内部分子间的相互作用力不足以提供所需向心力，离心现象会使它们破裂，酿成事故。

实践与练习

1. 对于做匀速圆周运动的两个物体，下列说法是否正确？试说明理由。

（1）角速度大的物体，线速度也一定大；

（2）周期大的物体，角速度也一定大。

2. 飞机做特技表演时常做俯冲拉起运动，如图 3.5.15 所示。此运动在最低点附近可看作是半径为 500 m 的圆周运动。若飞行员的质量为 65 kg，飞机经过最低点时的速度为 360 km/h，则这时飞行员对座椅的压力为多大？（g 取 10 m/s²）

图 3.5.15　飞机特技表演

图 3.5.16　转动圆盘上的物体

3. 如图 3.5.16 所示，在匀速转动的水平圆盘边缘处放着一个质量为 0.1 kg 的小金属块，圆盘的半径为 20 cm，金属块和圆盘间的最大静摩擦力为 0.2 N。为使金属块不从圆盘上掉下来，圆盘转动的最大角速度为多少？

4. "神舟十八号"飞船进入轨道后的运动可以简化为围绕地球的匀速圆周运动。飞船运行轨道的高度是 343 km（指距地面的高度），运行的周期约 90 min，飞船的质量是 7 790 kg，它围绕地球做匀速圆周运动时的向心加速度和向心力各是多大？（地球的半径取 6.37×10^3 km）

小结与评价

内容梳理

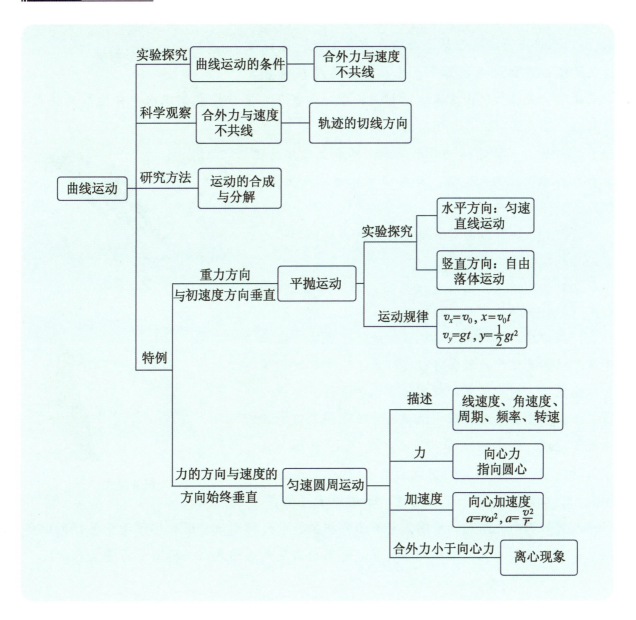

问题解决

1. 某卡车在限速 60 km/h 的公路上与路旁障碍物相撞。处理事故的警察在泥地中发现一个小的金属物体，可以判断，它是车顶上一个松脱的零件，事故发生时被抛出而陷在泥里。警察测得这个零件在事故发生时的原位置与陷落点的水平距离为 17.3 m，车顶距泥地的高度为 2.45 m。请你根据这些数据判断该车是否超速。

2. 某同学设计了一个探究平抛运动特点的家庭实验装置，如图所示。在水平桌面上放置一个斜面，每次都让钢球从斜面上的同一位置滚下，滚过桌边后钢球做平抛运动。在钢球抛出后经过的地方水平放置一块木板（还有一个用来调节木板高度的支架，图中未画出），木板上放一张白纸，白纸上有复写纸，这样便能记录钢球在白纸上的落点。已知平抛运动在竖直方向上的运动规律与自由落体运动相同，在此前提下，怎样探究钢球水平分速度的特点？请写出需要的器材，并说明实验步骤。

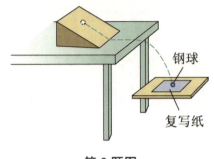

第 2 题图

3. 设冰面对滑冰运动员水平方向的最大作用力为运动员对冰面压力的 k 倍，运动员在水平冰面上沿半径为 r 的圆周滑行。

（1）若只依靠冰面对运动员的作用力提供向心力，运动员的安全速率为多少？

（2）如图所示，为什么滑冰运动员在转弯处都采取向内倾斜身体的方式滑行？

第 3 题图

4. 《中华人民共和国环境保护法》中规定，企业事业单位和其他生产经营者应当防止、减少环境污染和生态破坏，对所造成的损害依法承担责任。环保人员在一次检查时发现，有一根排污管正在向外满口排出大量污水，设水的流量可用公式 $Q=vS$ 计算（式中 v 为流速，S 为水流的横截面积）。这根管道水平设置，管口离地面有一定的高度，如图所示。现在，

第 4 题图

环保人员只有一把卷尺，请问需要测出哪些数据就可估测该管道的排污量？怎样测出水的流量 Q？请写出需要直接测量的量，并写出流量的表达式（用所测量的量来表示）。

第 4 章
万有引力与航天应用

日出日落,斗转星移,神秘的宇宙壮丽璀璨。千百年来,问天求索,人类从未停止过对宇宙的探索,航天技术为我们提供助力。

本章我们将了解宇宙飞船升空背后的物理原理、卫星绕地球旋转背后的规律。除此之外,我们还将回顾人类探索太空的历史,理解宇宙飞船和航天器挣脱地球束缚的奥秘。

主要内容	
	◎ 开普勒行星运动定律
	◎ 万有引力定律
	◎ 宇宙速度与航天应用

开普勒行星运动定律

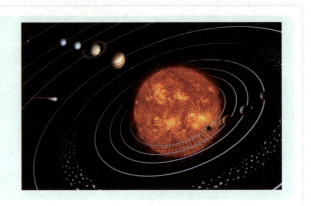

人类从诞生之日起就对探索宇宙充满了渴望,经过漫长而曲折的研究,逐渐揭开了行星运动的神秘面纱。不同行星都在各自的轨道上围绕太阳运动,这些行星是如何运动的呢?它们有着怎样的运动规律?

在古代,关于天体运动,人类最初通过感性认识建立了"地心说"的观点。"地心说"认为地球是静止不动的,而太阳和月亮绕地球转动。"地心说"比较符合人们的日常经验,这种观念经天文学家托勒密提出并发展完善后成为中世纪在欧洲占统治地位的宇宙观,统治人们的思想达 1 000 多年之久。

16 世纪,波兰天文学家哥白尼经过几十年对天体运动进行观测与推算,发现如果太阳是宇宙的中心,地球和其他行星都围绕太阳运动,对行星运动的描述将变得更加简明清晰,于是他提出了"日心说"。无论是"地心说"还是"日心说",古人都把天体的运动看得很神圣,认为天体的运动是最完美、最和谐的匀速圆周运动。真是如此吗?

德国天文学家开普勒支持哥白尼的"日心说",他仔细研究了丹麦天文学家第谷的行星观测资料,通过深入的研究和分析,最后发现行星运动的真实轨道不是圆而是椭圆。开普勒分别于 1609 年和 1619 年提出了关于行星运动的三大规律,后人称之为开普勒行星运动定律。

开普勒第一定律:所有行星绕太阳运动的轨道都是椭圆,太阳处在椭圆的一个焦点上。

开普勒第一定律告诉我们:行星绕太阳运动的轨道严格来说不是圆而是椭圆;太阳不在椭圆的中心,而是在其中一个焦点上,如图 4.1.1 所示;行星与太阳间的距离是不断变化的。

开普勒第二定律：对任意一个行星来说，它与太阳的连线在相等的时间内扫过的面积相等。

由开普勒第二定律可知，图 4.1.2 中两个阴影部分的面积相等，说明行星越接近太阳，运动越快；越远离太阳，运动越慢。

开普勒第三定律：所有行星轨道的半长轴的三次方跟它的公转周期的二次方的比都相等。

若用 a 代表椭圆轨道的半长轴，T 代表公转周期，根据开普勒第三定律，其关系可以表示为

$$\frac{a^3}{T^2}=k \qquad (4.1.1)$$

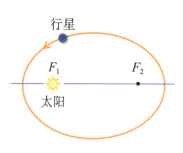

图 4.1.1 开普勒第一定律示意图

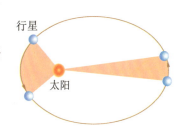

图 4.1.2 开普勒第二定律示意图

k 是一个与行星无关而与太阳有关的常量。开普勒关于行星运动的规律也适用于卫星绕行星的运动，只是 k 值不同。

开普勒行星运动定律为人们解决行星运动学问题提供了依据，澄清了多年来人们对天体运动神秘、模糊的认知，也为牛顿创立天体力学理论奠定了基础。开普勒是用数学公式表达物理定律并最早获得成功的学者之一。

实际上，行星运动的轨道与圆十分接近，在现阶段的学习中我们可按圆轨道处理。因此可以说：行星绕太阳运动的轨道可近似为圆，太阳处在圆心；对某一行星来说，它绕太阳做圆周运动的角速度（或线速度）大小不变，即行星做匀速圆周运动；所有行星轨道半径 r 的三次方与它的公转周期 T 的二次方的比值都相等，即

$$\frac{r^3}{T^2}=k$$

 方法点拨

近似处理法是指从物理概念和规律出发，根据物理知识和数学近似计算原理，对所求的物理量进行估算的方法。近似处理法是研究物理问题的基本思想方法之一，具有广泛的应用。

实践与练习

1. 通过查阅相关资料，了解托勒密、哥白尼、第谷和开普勒等科学家的研究过程和研究成果，思考他们对天文学和社会发展产生了怎样的影响。

2. 关于开普勒行星运动定律的描述，下列说法正确的是（　　）

A. 所有行星的轨道的半长轴的二次方跟它的公转周期的三次方的比都相等

B. 所有行星绕太阳运动的轨道都是圆，太阳处在圆心上

C. 所有行星绕太阳运动的轨道都是椭圆，太阳处在椭圆的一个焦点上

D. 行星绕太阳运动的速度大小不变

3. 根据开普勒行星运动定律，行星在如图 4.1.3 所示的四个位置中，运动速度最大的位置是（　　）

A. A　　　　　　　　B. B

C. C　　　　　　　　D. D

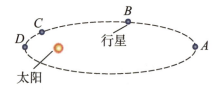

图 4.1.3　行星位置示意图

4. 火星和木星沿各自的椭圆轨道绕太阳运行，根据开普勒行星运动定律可知（　　）

A. 太阳位于木星运行轨道的一个焦点上

B. 火星和木星绕太阳运行速度的大小始终不变

C. 火星与木星的公转周期之比等于它们的轨道半长轴之比

D. 相同时间内，火星与太阳连线扫过的面积等于木星与太阳连线扫过的面积

4.2 万有引力定律

任何物体做圆周运动都受到向心力的作用。那么地球、火星等行星究竟是靠什么神秘的力量不断地改变运动方向，绕着太阳运动的呢？

4.2.1 万有引力定律

开普勒行星运动定律描述了行星绕太阳运动的规律，为科学家们进一步研究天体运动规律奠定了基础。但是关于天体在各自的轨道上运动的原因等问题，仍然未得到解决。牛顿在前人众多研究思想与成果的基础上，通过理性思考和数学演绎推理，构建了经典力学体系，用以解释从地面物体到天体的所有运动和现象。

牛顿在《自然哲学的数学原理》一书中正式提出了万有引力定律：**自然界中任何两个物体都是相互吸引的，引力的方向沿两个物体的连线，引力的大小与两个物体的质量的乘积成正比，与两个物体间的距离的平方成反比。**

如图 4.2.1 所示，若用 m_1、m_2 分别表示两个物体的质量，r 表示两个物体间的距离，则万有引力定律可表示为

$$F = G\frac{m_1 m_2}{r^2} \tag{4.2.1}$$

图 4.2.1 万有引力示意图

式中，质量的单位为千克（kg），距离的单位为米（m），力的单位为牛（N）；G 是比例系数，称为**引力常量**，在数值上等于两个质量都为 1 kg 的物体相距 1 m 时的相互吸引力的大小，通常取 $G = 6.67 \times 10^{-11}$ N·m²/kg²。

> **例题**

已知太阳的质量约为 2.0×10^{30} kg，地球的质量约为 6.0×10^{24} kg，太阳和地球之间的平均距离约为 1.5×10^{11} m，太阳和地球间的万有引力有多大？

分析 根据万有引力定律可直接求解。

解 根据万有引力定律得

$$F=G\frac{m_1m_2}{r^2}=6.67\times10^{-11}\times\frac{2.0\times10^{30}\times6.0\times10^{24}}{(1.5\times10^{11})^2}\text{ N}\approx3.56\times10^{22}\text{ N}$$

反思与拓展

由此可见，天体之间虽然距离很远，但相互之间的万有引力是很大的、不可忽略的。地球上的两个物体之间也有万有引力，可以计算一下两个人之间的万有引力有多大，这个力是否可以忽略呢？

万有引力定律公式以其简洁的形式，把天体的运动和地面物体的运动纳入统一的力学理论之中，这对解放人们的思想起到了积极的作用，也对后来物理学和天文学的发展产生了深远的影响。

4.2.2 万有引力定律在天文学上的应用

天体之间的相互作用力主要是万有引力，万有引力定律的发现对天文学的发展起到了巨大的推动作用。

> **天体质量的计算**

对于一个在地面上的物体，如果不考虑地球的自转，可以认为其在地面附近受到的重力等于其受到的万有引力，即

$$m_{物}g=G\frac{m_{物}m_{地}}{R^2} \quad (4.2.2)$$

式中，R 为地球的半径，$m_{物}$ 为物体的质量，$m_{地}$ 为地球的质量。由此可以估算地球的质量 $m_{地}=\frac{gR^2}{G}$。

另外，如果已知某行星绕太阳运行的情况，由于其所需的向心力是由太阳对该行星的万有引力提供的，由此可以求出太阳的质量。设太阳的质量为 $m_{太}$，某个行星的质量为

$m_行$，它们之间的距离为 r，行星公转的周期为 T，行星做匀速圆周运动所需的向心力为

$$F = m_行 r\omega^2 = m_行 r\left(\frac{2\pi}{T}\right)^2$$

行星运动的向心力是由万有引力提供的，所以

$$G\frac{m_行 m_太}{r^2} = m_行 r\left(\frac{2\pi}{T}\right)^2$$

由此解出

$$m_太 = \frac{4\pi^2 r^3}{GT^2}$$

可见，只要测出行星的公转周期 T 以及它和太阳之间的距离 r，就可以计算出太阳的质量。

> **海王星的发现**

目前，科学家已确认太阳系有八大行星，按距太阳由近及远的顺序依次为水星、金星、地球、火星、木星、土星、天王星和海王星，它们在各自的椭圆轨道上绕太阳运转。水星、金星、火星、木星及土星都是人们用肉眼直接观察到的。

1781 年，人们第一次通过天文望远镜发现了新的行星——天王星。天文学家在观察天王星时，发现它绕太阳运动的轨道与由万有引力定律计算出来的轨道不吻合。于是，有些人开始怀疑万有引力定律的正确性。也有人运用万有引力定律预测，在天王星外可能还有一颗未知的大行星。

1845 年，英国大学生亚当斯计算出了这颗未知行星的轨道和质量，但未引起重视。几乎同时，法国天文爱好者勒维耶也计算出了这颗未知行星的位置。1846 年 9 月 23 日，天文学家在他们预测的区域发现了这颗神秘的行星——海王星。

海王星的发现是科学史上的奇迹，因为它是人们通过计算发现的。通过万有引力定律成功地预测未知的星体，不仅巩固了万有引力定律的地位，也充分展示了科学理论的预见性。

> **预言彗星回归**

在牛顿之前，彗星的出现被看作一种神秘的现象，牛顿

却断言，行星的运动规律同样适用于彗星。科学家哈雷根据牛顿的万有引力定律，对 1682 年出现的大彗星（后来被命名为哈雷彗星）的运动轨道进行了计算，指出它与 1531 年、1607 年出现的彗星是同一颗，并预言它将于 1758 年再次出现。

图 4.2.2　1986 年观测到的哈雷彗星

1743 年，克雷洛计算了遥远的行星（木星和土星）对这颗彗星运动规律的影响，指出这颗彗星将推迟到 1759 年 4 月经过近日点。后来这个预言得到了证实。1986 年，哈雷彗星又一次临近了地球（图 4.2.2），它的下次来访预计将在 2062 年。

中国工程

从卡文迪许的扭秤实验到中国的引力中心

1687 年，牛顿发表了著名的万有引力定律，但没有给出引力常量 G 的具体数值。英国物理学家卡文迪许设计了扭秤实验装置（图 4.2.3），并利用该装置测得地球的质量，推算得到当时精确度很高的引力常量 $G=6.75\times10^{-11}$ N·m²/kg²，成为对万有引力定律普适性的有力证明。

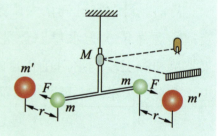

图 4.2.3　扭秤实验装置示意图

华中科技大学引力中心利用精密扭秤技术开展引力测量研究，将卡文迪许扭秤实验中的智慧之光进一步发扬和创新。2009 年，该研究团队将 G 值的测量精度提高到 26 ppm（1 ppm 即百万分之一），突破了当时国际上采用扭秤周期法测得的最高精度，引力中心也被外国专家称为"世界的引力中心"。

投入如此大的精力来测量引力常量，一方面是为了检验万有引力定律是否精确成立，另一方面通过精确的地面重力测量，能够了解地下物质密度分布，从而了解地下矿藏的大致分布，甚至能测绘海洋、水文、冰川出现的变化。在不断提高 G 值的测量精度的过程中，一批高精端的仪器设备被研发出来，在地球重力场的测量、地质勘探等方面发挥了重要作用，其中很多关键技术也为由中国主导的空间引力波探测计划——"天琴计划"奠定了基础。

基础科学研究漫长而艰辛，引力中心研究团队数十年如一日坚持不懈地进行着地球科学基础研究和精密重力仪器研制、测量与应用研究，朝着当今世界引力研究最前沿不断前进，攀登科学研究新高峰，为解决固体地球演化、海洋与气候变化、水资源分布和地质灾害研究中的科学问题提供重要支撑，为建设世界科技强国贡献力量！

 实践与练习

1. 既然任何物体间都存在着引力，为什么当两个人靠近时，他们不会吸在一起？分析物体受力时是否需要考虑物体间的万有引力？请你根据实际情况，应用合理的数据，通过计算说明上述问题。

2. 大麦哲伦星系和小麦哲伦星系是银河系的两个伴星系。已知大麦哲伦星系的质量为太阳质量的 10^{10} 倍，约 2.0×10^{40} kg，小麦哲伦星系的质量为太阳质量的 10^9 倍，约 2.0×10^{39} kg，两者相距 5×10^4 光年，求它们之间的万有引力。

3. 2013 年 12 月 14 日，"嫦娥三号"以近似为零的速度实现了月面软着陆。如图 4.2.4 所示为"嫦娥三号"运行的轨道示意图。

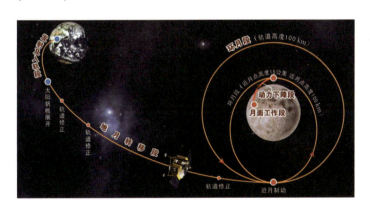

图 4.2.4 "嫦娥三号"运行的轨道示意图

"嫦娥三号"在下列位置中，受到的月球引力最大的是（　　）

A. 太阳帆板展开的位置　　B. 月球表面上的着陆点
C. 环月椭圆轨道的近月点　D. 环月椭圆轨道的远月点

4. 查阅有关潮汐、潮汛的资料，了解太阳、月球对地球运动与潮汐形成的因果关系，思考月球对地球的引力和影响。

4.3 宇宙速度与航天应用

从古代嫦娥奔月的神话故事，到如今我国"载人航天工程""探月工程"的有序开展，人类依据万有引力定律等科学理论发展起来的航天技术，实现了人类飞向太空的梦想。那么，人类挣脱地球引力的束缚，"上九天揽月"的壮举是怎样实现的呢？

4.3.1 宇宙速度

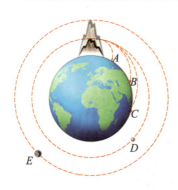

图 4.3.1 牛顿的设想

基于对抛体运动规律的认识，1687 年，牛顿在《自然哲学的数学原理》一书中提出了"平抛石头"思想实验：设想从山顶水平抛出一块石头（图 4.3.1），由于重力作用，石头会沿曲线落到地面，石头抛出的速度越大，石头飞行的距离越远。由此推想，当石头抛出的速度足够大时，它将像月球那样环绕着地球运动而不再落回地球，成为人造地球卫星。

1895 年，俄国宇航先驱齐奥尔科夫斯基率先提出了制造并发射人造地球卫星的设想。1957 年，苏联将第一颗人造卫星送入环绕地球的轨道。时至今日，地球周围运行着成千上万颗人造卫星，它们为地面上的人类提供通信、气象、侦察、导航等服务。

随着航天技术的发展，牛顿的"平抛石头"思想实验变为现实。若航天器环绕地球做匀速圆周运动，设地球的质量为 M，航天器的质量为 m、速度为 v，航天器到地心的距离为 r，地球对航天器的引力就是航天器做圆周运动所需的向心力，因此有

$$G\frac{mM}{r^2}=m\frac{v^2}{r}$$

解得
$$v=\sqrt{\frac{GM}{r}} \quad (4.3.1)$$

这就是航天器在不同轨道时的线速度表达式。由此可知，航天器环绕地球飞行的半径越大，速度越小。只要知道地球的质量 M 和轨道半径 r，就可以求出航天器绕行速度的大小。

近地轨道卫星（一般在离地球 100～200 km 的高度飞行）到地心的距离 r 可近似等于地球的半径 R（约 6 400 km），地球的质量为 5.98×10^{24} kg，代入式（4.3.1）后，可得

$$v=\sqrt{\frac{GM}{r}}=\sqrt{\frac{6.67\times10^{-11}\times5.98\times10^{24}}{6.4\times10^6}}\text{ m/s}\approx7.9\text{ km/s}$$

这就是物体在地球表面附近绕地球做匀速圆周运动的速度，称为**第一宇宙速度**，也称环绕速度。

由万有引力定律与匀速圆周运动知识可知，卫星的线速度增大，轨道半径不变，地球对卫星的引力并不会增大。若引力不足以提供向心力使卫星做匀速圆周运动，卫星就会产生离心现象，远离地球。如图 4.3.2 所示，一旦发射速度大于或等于 11.2 km/s，航天器就会挣脱地球的引力，不再绕地球运行，而是飞向其他行星或绕太阳运动。我们把 11.2 m/s 称为**第二宇宙速度**，又称脱离速度。

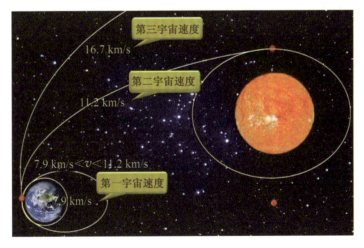

图 4.3.2 不同宇宙速度对应不同轨道示意图

达到第二宇宙速度的航天器虽然脱离了地球引力的束缚，但还受到太阳引力的束缚。要使航天器挣脱太阳的引力，飞出太阳系，其发射速度至少要大于或等于 16.7 km/s，这个速度称为**第三宇宙速度**，又称逃逸速度。

例题

2016年8月16日,我国首颗量子科学实验卫星"墨子号"成功发射,在世界上首次实现了卫星和地面之间的量子通信。"墨子号"升空后围绕地球的运动可视为匀速圆周运动,离地面的高度为 500 km,如图 4.3.3 所示。已知地球的质量为 5.98×10^{24} kg,地球的半径为 6.4×10^3 km,求"墨子号"运动的线速度大小和周期。

图 4.3.3 "墨子号"绕地球做匀速圆周运动示意图

分析 卫星绕地球做匀速圆周运动,地球对卫星的万有引力提供向心力,可使用向心力公式求解。

解 由题意可知,"墨子号"距地面的高度为 $h=5.0\times10^5$ m,地球半径为 $R=6.4\times10^6$ m,地球质量为 $M=5.98\times10^{24}$ kg。设 m 为"墨子号"的质量,r 为地球球心到"墨子号"的距离。

由地球与卫星之间的万有引力提供向心力可得 $G\dfrac{mM}{r^2}=m\dfrac{v^2}{r}$,其中 $r=R+h$,解得卫星的环绕速度为

$$v=\sqrt{\dfrac{GM}{R+h}}$$

$$=\sqrt{\dfrac{6.67\times10^{-11}\times5.98\times10^{24}}{6.4\times10^6+5.0\times10^5}}\text{ m/s}$$

$$\approx7.6\times10^3\text{ m/s}$$

其周期为

$$T=\dfrac{2\pi(R+h)}{v}$$

$$=\dfrac{2\times3.14\times(6.4\times10^6+5.0\times10^5)}{7.6\times10^3}\text{ s}$$

$$\approx5.7\times10^3\text{ s}$$

反思与拓展

飞行器从地球的发射速度与其在太空中的飞行速度不同。比如,地球同步卫星是相对地面静止的卫星,它的运行方向与地球的自转方向相同,运行轨道为位于地球赤道平面上的圆形轨道,运行周期与地球的自转周期相等。地球同步卫星的飞行速度与"墨子号"相比更小,但是把它发射到这个轨道上运行需要更大的发射速度才能抵消地球引力的影响。

4.3.2 航天应用

▶ 人造卫星

1957年10月4日,苏联发射了第一颗人造地球卫星,标志着人类进入了航天时代,展开了对太空的探索。1970年4月24日,我国第一颗人造地球卫星"东方红一号"发射成功,开创了我国航天史的新纪元。我国成为全世界第五个发射人造卫星的国家,我国的航天时代由此开启。科学家钱学森为我国航天事业做出特殊贡献,被誉为"中国航天之父"。

我国自主建设、独立运行的卫星导航系统——北斗卫星导航系统(图4.3.4),是为全球用户提供全天候、全天时、高精度的定位、导航和授时服务的国家重要空间基础设施。现已广泛应用于交通运输、气象预报、救灾减灾、水文监测等领域。

图4.3.4 北斗卫星导航系统示意图

北斗卫星导航系统由若干地球静止轨道卫星、倾斜地球同步轨道卫星和中圆地球轨道卫星组成,其中静止轨道卫星又称为同步卫星。地球同步卫星位于赤道上方高度约36 000 km处,这种卫星与地球以相同的角速度转动,周期与地球的自转周期相同,轨道平面与赤道平面重合,并且位于赤道上空一定的高度上。

▶ 中国人"飞天"梦的实现

"俱怀逸兴壮思飞,欲上青天揽明月"。自古以来,人类对神秘的宇宙就有无限的向往。

1992年9月,我国政府开始实施"载人航天工程",确定了三步走的发展战略:发展载人飞船;突破载人飞船和空间飞行器的交会对接技术;建造载人空间站。

2003年,我国首位航天员杨利伟搭载"神舟五号"载人飞船圆梦太空。

2008年,翟志刚搭载"神舟七号"飞船实现了我国航天史上的第一次"太空行走"。

2010年,我国正式开展空间站工程。2012年,三名航天员首次进入空间站。2016年,随着"天宫二号"空间实验室发射升空，空间站技术得到保障。2022年，"天宫"空间站（图4.3.5）全面建成，国家太空实验室正式运行。

图4.3.5　"天宫"空间站

深空探测

2023年5月29日，我国"载人月球探测工程"登月阶段任务启动实施，计划在2030年前实现中国人首次登陆月球。如图4.3.6所示为"嫦娥五号"探测器成功在月球正面着陆的照片。

图4.3.6　"嫦娥五号"探测器成功在月球正面着陆

此外，"火星探测工程"是我国首次开展的地外行星空间环境探测活动。2016年，中国火星探测任务正式立项。2020年，"天问一号"火星探测器发射升空，历时10个月，在火星表面软着陆，对火星的表面形貌、土壤特性、物质成分、水冰、大气、电离层、磁场等开展巡视探测，实现了我国深空探测领域的技术跨越。

我国在太空探索方面取得了许多令人瞩目的成就，体现了国家综合实力和科技创新能力的显著提升。随着我国科技的不断进步和国际合作的不断深化，相信我国在太空探索领域的成就将会更加丰硕，为人类太空探索事业的发展贡献更多中国力量。

实践与练习

1. 人类为什么要发射人造卫星？为什么要探测月球、火星和其他星球？

2. 你在探索宇宙方面有哪些希望与梦想？

3. 查阅资料，了解我国在航天领域的发展历程和取得的成就，感悟航天精神，汲取奋进力量。

小结与评价

内容梳理

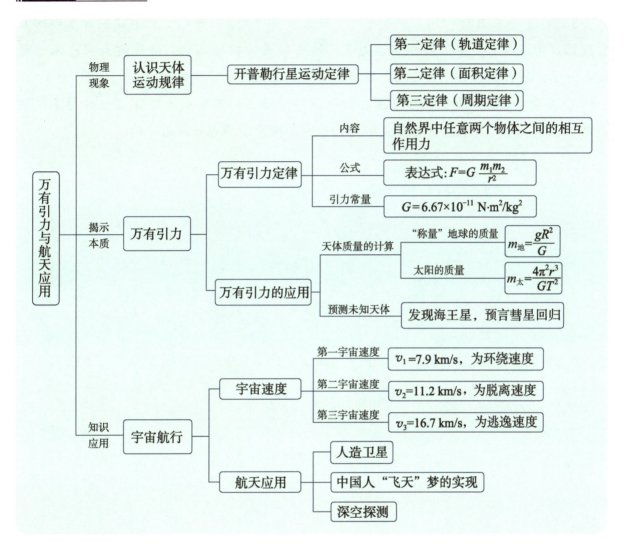

问题解决

1. 2023年4月16日,我国首颗低倾角轨道降水测量专用卫星——"风云三号G星"的成功发射,标志着我国同时运行"上午、下午、晨昏、倾斜"四类近地轨道气象卫星,成为世界上气象卫星体系最完备的国家。第23颗北斗导航卫星(G7)为相对地球静止的同步卫星(高度约为36 000 km),它将进一步提高北斗导航卫星系统的可靠性。关于卫星,下列说法正确的是( )

A. 这两颗卫星的运行速度均大于7.9 km/s

B. G7可能在西昌正上方做圆周运动

C. "风云三号G星"的周期比G7小

D. "风云三号G星"的向心加速度比G7小

2. 2023年2月，天文学家宣布发现了12颗新的木星卫星，使已知的绕木星公转的卫星总数增加到92颗。如果要估算木星的质量，可以有多少种方案？需要测量哪些物理量？请与同学讨论，尝试用这些物理量表示木星的质量。

3. 2013年6月20日，"神舟十号"航天员在"天宫一号"上开展了别开生面的太空授课，为我国青少年讲解并演示失重环境下的基础物理实验。请观看太空授课的视频，并尝试设计一种在宇宙飞船上进行微重力失重条件下实验的方案。

4. 尽管牛顿是伟大的物理学家，但他最终总结出的万有引力定律在当时却不能被所有人理解。请结合实例谈谈你是如何认识科学探索中的曲折与艰辛的。

第 5 章
功和能

　　门式起重机又叫龙门吊，是桥式起重机的一种变形，具有场地利用率高、作业范围大、适用面广、通用性强等特点，被广泛使用。

　　我国古人发明了利用风力、水力做功的机械，如风车磨坊、龙骨水车等，大大提高了劳动生产力。本章我们将了解各种形式的能的转化方法，并探索其背后蕴含的物理规律。

主要内容
- ◎ 功　功率
- ◎ 动能　动能定理
- ◎ 重力势能　弹性势能
- ◎ 机械能守恒定律
- ◎ 学生实验：验证机械能守恒定律

5.1 功 功率

起重机竖直提起货物时,拉力对货物做的功等于力的大小乘以货物的位移大小。如果起重机提起货物平移一段位移,拉力对货物不做功。如果用力斜拉行李箱移动时,拉力的方向与位移的方向有一定的夹角,拉力对行李箱做的功应该怎样计算呢?

5.1.1 功

在物理学中,**力和物体在力的方向上发生位移是做功的前提条件。**

若作用在物体上的力 F 的方向与物体位移 s 的方向相同(图 5.1.1),则力对物体做的功为 $W=Fs$。

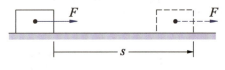

图 5.1.1 力与位移方向一致

如果物体的位移方向和力的方向不一致,那么力做的功又如何计算呢?

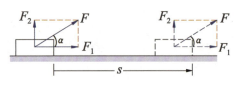

图 5.1.2 力与位移方向的夹角为 α

我们可以把力 F 进行正交分解,分解成与位移方向平行和与位移方向垂直的两个分力 F_1 和 F_2,如图 5.1.2 所示。$F_1=F\cos\alpha$,与位移方向相同,对物体做功;$F_2=F\sin\alpha$,与位移方向垂直,对物体不做功。所以力 F 对物体所做的功为

$$W=F_1 s=Fs\cos\alpha$$

式中,F、s 分别是力和位移的大小,α 是力的方向和位移的方向之间的夹角。

力对物体所做的功等于力的大小、位移的大小、力和位移间夹角的余弦三者的乘积,即

$$W=Fs\cos\alpha \qquad (5.1.1)$$

在国际单位制中,功的单位是焦耳,简称焦(J)。1 J 等于 1 N 的力使物体在力的方向上发生 1 m 的位移时所做的功,即 1 J=1 N×1 m=1 N·m。

式(5.1.1)只适用于大小和方向均不变的恒力做功。

功是标量，只有大小，没有方向，其运算遵循代数运算法则。

根据式（5.1.1）可知，功的大小不仅与力的大小、位移的大小有关，还与力的方向和位移的方向的夹角 α 有关。当力与位移成不同角度时，力做功的情况如何呢？

当 $0°\leqslant\alpha<90°$ 时，$\cos\alpha>0$，所以 $W>0$，力对物体做正功，说明力对物体的运动起促进作用。如图 5.1.3 所示，人拉物体前进，拉力 F 对物体做正功。

图 5.1.3　力 F 对物体做正功

当 $\alpha=90°$ 时，$\cos\alpha=0$，所以 $W=0$，力对物体不做功。如图 5.1.4 所示，人抱着重物在水平面上前进，支持力 F 对物体不做功。

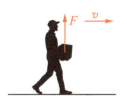

图 5.1.4　力 F 对物体不做功

当 $90°<\alpha\leqslant180°$ 时，$\cos\alpha<0$，所以 $W<0$，力对物体做负功，说明力对物体的运动起阻碍作用。如图 5.1.5 所示，物体竖直向上运动过程中，重力对物体做负功。

一个力对物体做负功，也可以表述为物体克服这个力做了功，这两种说法在意义上是等同的。比如，竖直向上抛出的球，如图 5.1.5 所示，在球向上运动的过程中，若重力对球做了 -6 J 的功，也可以说，球克服重力做了 6 J 的功。

图 5.1.5　重力对物体做负功

如果公式 $W=Fs\cos\alpha$ 中的力 F 是几个力的合力，那么公式中的 α 就是合力的方向与物体位移的方向之间的夹角，W 就是合力做的功，我们称之为总功。总功也等于各分力做功的代数和，即总功 $W_总=W_1+W_2+W_3+\cdots$。

例1

某人推着质量为 13 kg 的重物上陡坡。如图 5.1.6 所示，已知陡坡的倾角为 30°，长度为 100 m，此人所用的推力为 100 N，方向平行于陡坡，阻力为 10 N。此人将重物从坡底推到坡顶的过程中，问：（已知 $\cos 120°=-0.5$，g 取 10 m/s²）

（1）此人对重物做的功是多少？
（2）重力对重物做的功是多少？
（3）重物克服阻力做了多少功？
（4）总功是多少？

分析　先作出重物受力分析图，如图 5.1.7 所示。找出每个力和位移之间的夹角。明确已知量和未知量。已知

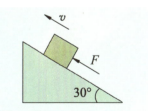

图 5.1.6　人推一物体上坡

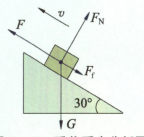

图 5.1.7　重物受力分析图

$m=13$ kg，$\alpha=30°$，$F=100$ N，$s=100$ m，$F_f=10$ N，求 W_F、W_G、W_{F_f}、$W_总$。

解 （1）此人对重物做的功为
$$W_F = Fs = 100 \times 100 \text{ J} = 1.0 \times 10^4 \text{ J}$$

（2）重力对重物做的功为
$$W_G = mgs\cos(\alpha+90°) = 13 \times 10 \times 100 \times \cos 120° \text{ J} = -6.5 \times 10^3 \text{ J}$$

（3）阻力对重物做的功为
$$W_{F_f} = F_f s \cos 180° = -10 \times 100 \text{ J} = -1.0 \times 10^3 \text{ J}$$

所以，在这个过程中重物克服阻力做的功为 1.0×10^3 J。

（4）支持力做的功 $W_{F_N}=0$。所有力做功的代数和为总功，即
$$\begin{aligned} W_总 &= W_F + W_G + W_{F_f} + W_{F_N} \\ &= [1.0 \times 10^4 + (-6.5 \times 10^3) + (-1.0 \times 10^3)] \text{ J} \\ &= 2.5 \times 10^3 \text{ J} \end{aligned}$$

反思与拓展

本题如果先求出这几个力的合力，再求合力做的功，结果会怎样？你不妨试一试。

5.1.2 功率

一个人要把一捆书从地面搬到书架上，不管是在 2 s 内将整捆书一下子举起来放上去，还是花 20 min 将书一本一本地捡起来，全部放到书架上，他所做的功都是相同的，但是做功的快慢不同。

我们用功率来反映力做功的快慢。**功率等于功与做功所消耗时间的比值**，可表示为

$$P = \frac{W}{t} \tag{5.1.2}$$

在国际单位制中，功率的单位是瓦特，简称瓦（W）。瓦是很小的单位。例如，一杯水大约重 2 N，你把它举高 0.5 m 送到嘴边，做了 1 J 的功，如果你所用的时间为 1 s，那么做功的功率就是 1 W。

在生产生活中，功率通常还以千瓦（kW）为单位，1 kW = 1 000 W。

例2

如图5.1.8所示，一台电动机以大小为 $1.2×10^4$ N 的向上的拉力，在 15 s 内将一部电梯升高了 9 m，电动机的功率是多少千瓦？

分析 电动机的功率就是拉力对电梯做功的功率。电梯受竖直向上的拉力，电梯的位移方向也是竖直向上的。已知 $s=9$ m，$t=15$ s，$F=1.2×10^4$ N，求 P。

解 拉力对电梯做的功为

$$W=Fs=1.2×10^4×9 \text{ J}=1.08×10^5 \text{ J}$$

电动机的功率为

$$P=\frac{W}{t}=\frac{1.08×10^5}{15} \text{ W}=7.2×10^3 \text{ W}=7.2 \text{ kW}$$

反思与拓展

在电梯升高 9 m 的过程中，还有什么力做了功？如何求这个力所做的功？这个力做功的功率又是多大？

图5.1.8 电梯上升

在初中物理中，我们学习过以白炽灯为代表的用电器的额定功率。电动机、内燃机等动力机械上都标有额定功率，这是其在正常条件下可以长时间工作的功率，其实际输出功率往往小于额定功率。

当物体在力 F 的作用下，在时间 t 内发生位移 s，且力的方向和位移的方向相同时，该力所做的功为 $W=Fs$。联立 $P=\frac{W}{t}$ 和 $W=Fs$ 可得 $P=\frac{Fs}{t}=Fv$。所以，力做功的功率与速度的关系为

$$P=Fv \qquad (5.1.3)$$

当物体做变速直线运动时，如果式（5.1.3）中的 v 是物体在时间 t 内的平均速度，则 P 表示力 F 在这段时间内的**平均功率**；如果 v 是某一时刻的瞬时速度，则 P 表示力 F 在这一时刻的**瞬时功率**。

例3

一辆质量为 4 t 的汽车，从静止出发沿平直公路行驶。已知汽车所受阻力不变，为 $4×10^3$ N。

(1) 汽车起动的前 10 s 内，牵引力恒定为 $8×10^3$ N，求牵引力 F 在第 5 s 末的瞬时功率；

(2) 已知汽车的额定功率为 80 kW，如果以额定功率输出，汽车能达到的最大行驶速度 v_m 是多少？

分析 汽车受力分析图如图 5.1.9 所示。在前 10 s 内，汽车做匀加速直线运动，根据受力情况可求出其加速度，再由运动学公式得到第 5 s 末的速度，就可求出此时牵引力的功率。

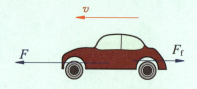

图 5.1.9 汽车受力分析图

汽车以额定功率行驶，根据功率与力、速度之间的关系式 $P=Fv$ 可知，当汽车的速度较小时，牵引力大于阻力，汽车加速；当汽车的速度变大时，牵引力变小；当牵引力与阻力相等时，汽车达到最大速度。

解 (1) 汽车在前 5 s 内做匀加速直线运动，根据牛顿第二定律，可知其加速度为

$$a = \frac{F-F_f}{m} = \frac{8×10^3 - 4×10^3}{4×10^3} \text{ m/s}^2 = 1 \text{ m/s}^2$$

汽车的初速度 $v_0=0$，第 5 s 末的速度为

$$v = at = 1×5 \text{ m/s} = 5 \text{ m/s}$$

则

$$P_1 = Fv = 8×10^3 × 5 \text{ W} = 4×10^4 \text{ W}$$

(2) 当汽车在额定功率下行驶且牵引力最小，即牵引力等于阻力时，汽车达到最大行驶速度，所以最大行驶速度为

$$v_m = \frac{P_{额}}{F_f} = \frac{8×10^4}{4×10^3} \text{ m/s} = 20 \text{ m/s}$$

反思与拓展

本题在讨论汽车加速行驶时，假定了汽车在 10 s 内所受的牵引力是不变的，阻力也不变。在实际情况中，汽车的输出功率会变化，所受的阻力也会随着速度的增大而增大。但在输出功率一定的情况下，汽车受到的牵引力等于阻力时，其速度最大，最大速度 $v_m = \dfrac{P_{额}}{F_f}$。

中国工程

走向世界的中国高铁

近年来，高速铁路发展迅猛，逐渐影响着人们的出行方式。截至 2023 年底，我国高速铁路运营里程达 4.5 万千米，稳居世界第一。2012 年到 2022 年间，我国"四纵四横"高速铁路主骨架全面建成，"八纵八横"高速铁路主通道和普速干线铁路加快建设，川藏铁路全线开工，重点区域城际铁路快速推进，老少边及脱贫地区铁路建设加力提速，基本形成布局合理、覆盖广泛、层次分明、配置高效的铁路网络。"复兴号"实现对 31 个省区市的全覆盖，超七成旅客选择乘动车组出行。

我国已经全面掌握构造速度 200～250 km/h、300～350 km/h、350～380 km/h 动车组制造技术，构建涵盖不同速度等级、成熟完备的高铁技术体系。我国已成为名副其实的高铁大国。目前，我国铁路客运周转量、货物发送量、货运周转量以及运输密度均居世界首位。高铁成为一张响亮的"中国名片"。

2023 年 1 月 20 日，据中国铁路发布，新型 CR200J 复兴号出了"高原版"（图 5.1.10）。这种"高原版"复兴号结合现有高原双源电力机车研制，专门适应云南地区高海拔、多隧道、大坡道等环境特点，动力方面更强，功率从常规版的 5 600 kW 提高到 7 200 kW，确保动车能在坡度（坡面的垂直高度 h 和水平距离 l 的比）30‰的上坡道轻松起步。

图 5.1.10 "高原版"复兴号 CR200J

实践与练习

1. 如图 5.1.11 所示，物体在力 F 的作用下在水平面上发生一段位移 s，试分别计算在这三种情况下力 F 对物体所做的功。设在这三种情况下力 F、位移 s 的大小都相同：$F=10$ N，$s=2$ m，角 θ 的大小分别为 120°、30°、60°。

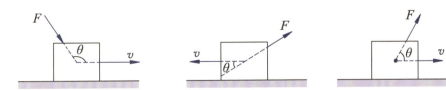

图 5.1.11 物体在力的作用下发生一段位移

2. 一个质量 $m=1$ kg 的物体受到与水平方向成 $37°$ 角斜向上的拉力 $F=10$ N，在水平地面上移动的距离 $s=2$ m，如图 5.1.12 所示，物体与地面间的滑动摩擦力大小是 $F_f=4.2$ N，求外力对物体做的总功。($\cos 37°\approx 0.8$)

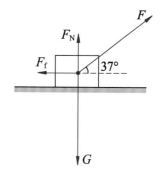

图 5.1.12 物体在斜向上力的作用下发生一段位移

3. 2023 年 10 月 5 日，杭州第 19 届亚运会举重男子 96 公斤级决赛中，我国选手田涛在这场比赛中展现了出色的实力和拼搏精神，夺得了该项目的金牌。假设田涛在举起 180 kg 的杠铃时，用时 0.8 s，杠铃被举高 2.0 m，则田涛在举重过程中对杠铃做了多少功？功率是多少？

4. 某汽车发动机的额定功率是 6.0×10^4 W，在水平路面上行驶时受到的阻力是 1.8×10^3 N。

（1）求发动机在额定功率工作时，汽车匀速行驶的速度。

（2）在同样的阻力下，如果汽车匀速行驶的速度只有 54 km/h，发动机输出的实际功率是多少？

5.2 动能 动能定理

功和能是两个密切联系的物理量。一个物体能够对其他物体做功，我们就说这个物体的能量发生了变化。功是能量变化的量度。水碾是利用水的动能做功的农业机械，当水冲击下部水轮时，转动的轮子会带动上部的石碾来碾米。那么物体的动能与哪些因素有关？动能与做功有什么关系呢？

5.2.1 动能

物体由于运动而具有的能量称为动能，动能的大小与物体的质量和运动速度有关。在物理学中，物体的动能 E_k 可表示为

$$E_k = \frac{1}{2}mv^2 \qquad (5.2.1)$$

式中，m 是物体的质量，v 是物体的速度。动能是标量，它的单位与功的单位相同，在国际单位制中都是焦（J）。

$$1 \text{ J} = 1 \text{ kg} \cdot \text{m}^2/\text{s}^2 = 1 \text{ kg} \cdot \text{m/s}^2 \cdot \text{m} = 1 \text{ N} \cdot \text{m}$$

例1

一个质量为 7.8 g 的子弹，以 800 m/s 的速度飞行；一个质量为 60 kg 的人，以 3 m/s 的速度奔跑。飞行的子弹、奔跑的人哪个动能大？

分析 已知子弹的质量 $m_1 = 7.8 \text{ g} = 7.8 \times 10^{-3}$ kg，速度 $v_1 = 800$ m/s，人的质量 $m_2 = 60$ kg，速度 $v_2 = 3$ m/s，根据动能的表达式 $E_k = \frac{1}{2}mv^2$，求两者的动能 E_k。

解 由动能的计算公式可得，子弹的动能为

$$E_{k1} = \frac{1}{2}m_1v_1^2 = \frac{1}{2} \times 7.8 \times 10^{-3} \times 800^2 \text{ J} \approx 2.5 \times 10^3 \text{ J}$$

人的动能为

$$E_{k2} = \frac{1}{2}m_2v_2^2 = \frac{1}{2} \times 60 \times 3^2 \text{ J} = 2.7 \times 10^2 \text{ J}$$

由计算结果可知，子弹的动能比人的动能大得多。

反思与拓展

由动能的计算公式 $E_k = \frac{1}{2}mv^2$ 可以发现，动能的大小与物体的运动速度的大小关系紧密，且与速度的方向无关。动能是标量，只有正值，没有负值。

5.2.2 动能定理

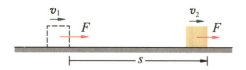

图 5.2.1 物体在恒力作用下运动

如图 5.2.1 所示，设质量为 m 的物体在合外力 F 的作用下发生了一段位移 s，速度由 v_1 增大到 v_2，在这一过程中，合力 F 所做的功为

$$W = Fs$$

根据牛顿第二定律，有

$$F = ma$$

由运动学公式，有

$$s = \frac{v_2^2 - v_1^2}{2a}$$

合力 F 所做的功可表示为

$$Fs = \frac{1}{2}mv_2^2 - \frac{1}{2}mv_1^2$$

即

$$W = \frac{1}{2}mv_2^2 - \frac{1}{2}mv_1^2 \quad (5.2.2)$$

从式（5.2.2）可以看出：左边是合外力所做的功，即总功，右边的 $\frac{1}{2}mv_2^2$ 为物体的末动能 E_{k2}，$\frac{1}{2}mv_1^2$ 为物体的初动能 E_{k1}，即

$$W = E_{k2} - E_{k1} \quad (5.2.3)$$

这表明：**合外力所做的功即总功等于物体动能的增量，这个结论称为动能定理**。动能定理说明，当合外力对物体做正功时，物体的动能增加；当合外力对物体做负功时，物体的动能减小；当合外力为零或合外力对物体不做功时，物体的动能不变。

信息快递

动能定理是在物体受恒力作用且做直线运动的情况下得到的，若物体受变力作用或物体做曲线运动，动能定理依旧成立。

> **方法点拨**
>
> 演绎推理是从一般性结论推出新结论的方法,即从已知的某些一般原理、定理、法则、公理或科学概念出发,推出新结论的一种思维方法。动能定理就是采用演绎推理的方法得到的。

例2

某客机的质量约为 60 t,着陆时的速度约为 75 m/s,当它在跑道上滑行了 2 100 m 后,速度降至 5 m/s(图 5.2.2),求:

(1) 飞机动能的改变量;

(2) 飞机滑行过程中所受的平均阻力。

图 5.2.2 着陆的客机

分析 计算客机的初动能、末动能,得到客机动能的改变量为负值,说明动能减少了。客机在跑道上滑行的过程中受阻力作用,阻力做负功,根据动能定理,列式求解平均阻力大小。

解 (1) 飞机动能的改变量为

$$\Delta E_k = E_{k2} - E_{k1} = \frac{1}{2} m v_2^2 - \frac{1}{2} m v_1^2$$

$$= \left(\frac{1}{2} \times 6.0 \times 10^4 \times 5^2 - \frac{1}{2} \times 6.0 \times 10^4 \times 75^2 \right) \text{ J}$$

$$= -1.68 \times 10^8 \text{ J}$$

负号说明飞机在滑行过程中动能减少了 1.68×10^8 J。

(2) 由动能定理可得 $-F_f s = \Delta E_k$,所以飞机所受的平均阻力为

$$F_f = -\frac{\Delta E_k}{s} = -\frac{-1.68 \times 10^8}{2\ 100} \text{ N} = 8 \times 10^4 \text{ N}$$

反思与拓展

运用动能定理解题时,首先要分析物体的受力情况,然后列出各力所做的功,明确物体的初动能和末动能,最后由动能定理列式求解。动能定理不涉及物体运动过程中的加速度和时间,因此运用动能定理解题非常简便。

中国工程

氢氧发动机——"长征五号"火箭动力源

"长征五号"火箭是我国第一种芯级直径达到 5 m 的运载火箭，因其胖嘟嘟的体态，被称为"胖五"（图 5.2.3），它于 2016 年 11 月 3 日在文昌航天发射场首飞成功。

2020 年 5 月，"长征五号 B"运载火箭首飞成功，拉开了空间站阶段飞行任务的序幕。"长征五号 B"运载火箭主要承担空间站核心舱和实验舱等舱段发射任务，是我国目前近地轨道运载能力最大的火箭。目前世界上最重的通信卫星（我国的"实践二十号"，质量达 8 t），就是由"胖五"送入轨道的。

图 5.2.3 "长征五号"火箭

那么，是什么为"长征五号"运载火箭提供这么强的动力呢？

"长征五号"与美国"德尔塔"、欧洲"阿里安"、俄罗斯"质子号"等火箭并驾齐驱，而这强劲的"底气"来自装配在 4 个助推器上的 8 台 120 吨级液氧煤油发动机和安装在火箭芯级上的 2 台 50 吨级氢氧发动机。氢氧发动机具备的高比冲特点，使火箭能够以较少的燃料获得较大的推力，对于提高火箭的运载能力具有至关重要的作用。正是氢氧发动机发挥的巨大作用，使"长征五号 B"运载火箭的近地轨道运载能力大于 22 t，堪称火箭中的"大力士"。而且氢氧发动机的燃烧产物清洁、燃烧稳定，这也是火箭先进性的重要体现。氢氧发动机在中国空间站建造阶段发挥了重要作用，也将继续为运载火箭的顺利发射提供推动力。

实践与练习

1. 一个质量为 7.26 kg 的铅球抛入空中时所具有的动能，比以同样速率运动的质量为 0.6 kg 的篮球所具有的动能大得多，为什么？当汽车以 20 m/s 的速度行驶时，其动能是它以 10 m/s 的速度行驶时动能的几倍？

2. 冰球运动是以冰刀和冰球杆为工具，在冰上进行的一种相互对抗的集体性竞技运动（图 5.2.4）。一个质量为 105 g 的冰球划过冰面，运动员对球在 0.15 m 距离内施以 4.5 N 的恒力。这名运动员对冰球做了多少功？

图 5.2.4 冰球运动

冰球的能量改变了多少？

3. 一辆质量为 4 t 的载重汽车，在大小为 5×10^3 N 的牵引力下做水平直线运动，速度由 10 m/s 增加到 20 m/s。若汽车在运动过程中受到的平均阻力为 2×10^3 N，求汽车在这段时间内发生的位移。

4. 工程上为了确保地基的密实，常用强夯机夯实地基，如图 5.2.5 所示。在一次作业中，质量为 5 t 的夯锤从 20 m 高处自由落下，将地面砸出一个深 0.4 m 的坑。尝试用动能定理计算（不考虑空气阻力）：

（1）夯锤刚好落到地面时的速度；

（2）夯锤受到地基的平均阻力。

图 5.2.5　强夯机

5. C919 客机是我国首款按照最新国际适航标准研制的干线民用飞机。某型号的 C919 客机最大起飞质量为 7.25×10^4 kg，起飞时先从静止开始滑行，当滑行 1 200 m 时，起飞速度达到 288 km/h。在此过程中如果飞机受到的阻力是飞机重力的 0.02 倍，求此过程中飞机发动机的牵引力所做的功 W。（g 取 10 m/s^2）

5.3 重力势能 弹性势能

撑杆跳高是运动员经过持杆助跑，借助撑杆的支撑腾空，在完成一系列复杂的动作后越过横杆的一项运动。在撑杆过程中，杆的弹力将运动员送上高处。由于杆发生了弯曲产生弹性形变，该形变蓄积着一定的能量，这种能量是什么能量？具有什么特点？运动员和杆在完成动作过程中的能量是怎么转化的？

5.3.1 重力势能

物体因为处于一定的高度而具有的能量称为重力势能。 例如，高处的石头、打桩时被举高的重锤、水电站储存的水等都具有重力势能。物体重力势能的大小与哪些因素有关呢？

活动

探究影响小球重力势能大小的因素

如图 5.3.1 所示，准备两个大小相同、质量不同的光滑小球，在一盆中放入适量细沙。在沙盆上方同一高度由静止释放两个小球，小球落入细沙后小球陷入细沙中的深度是否相同？质量大的小球是否陷得更深？

让同一个小球分别从不同的高度由静止落下，小球陷入细沙中的深度又有什么不同？是否释放位置越高，小球陷得越深？对比以上两种现象，你能得出什么结论？

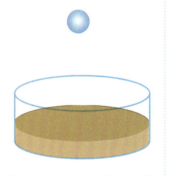

图 5.3.1 小球落入沙盆

由以上实验可知，重力势能的大小与物体的质量和所处的高度有关。物体的质量 m 越大，所处的高度 h 越高，重力势能越大。在物理学中，物体的重力势能 E_p 可表示为

$$E_p = mgh \quad (5.3.1)$$

重力势能是标量。在国际单位制中重力势能的单位是焦（J）。

高度 h 是一个相对量，所以，重力势能也是一个相对量，即重力势能具有相对性。物理学中将重力势能为零的参考平面称为**零势能面**，式（5.3.1）中的 h 就是物体相对零势能面的高度。要确定物体在某个位置的重力势能，必须选定一个零势能面，高于零势能面的物体，重力势能为正；低于零势能面的物体，重力势能为负。零势能面的选择是任意的，可以根据研究问题的方便来定，通常选地面为零势能面。

5.3.2 重力做功与重力势能的关系

如图 5.3.2 所示，质量为 m 的物体分别沿 ABD、ACD、AD 三条不同的路径，从高度为 h_1 的 A 点运动到高度为 h_2 的 D 点，重力做的功分别为

$$W_{ABD}=mg\Delta h=mgh_1-mgh_2$$
$$W_{ACD}=mg\Delta h=mgh_1-mgh_2$$
$$W_{AD}=mgs\cos\alpha=mg\Delta h=mgh_1-mgh_2$$

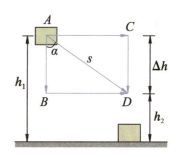

图 5.3.2 物体沿不同路径运动

所以，重力做的功为

$$W_G=mg\Delta h=mgh_1-mgh_2 \quad (5.3.2)$$

可以看出，**重力做功与它经过的具体路径无关，只与始末位置有关**。式（5.3.2）中，mgh_1 表示物体在初位置时的重力势能 E_{p1}，mgh_2 表示物体在末位置时的重力势能 E_{p2}。所以，重力做功与重力势能改变量的关系为

$$W_G=E_{p1}-E_{p2}=-\Delta E_p \quad (5.3.3)$$

重力对物体做功，可以使物体的重力势能变化。物体在下落过程中，重力对物体做正功，重力势能减少；物体在上升过程中，重力对物体做负功，重力势能增加。也就是**重力所做的功等于物体重力势能减少的量**。

例题

如图 5.3.3 所示，质量为 0.5 kg 的小球从 A 点下落到地面。图中 A 点到桌面的高度 $h_1=1.2$ m，桌面高 $h_2=0.8$ m。（g 取 10 m/s²）

（1）在表 5.3.1 的空白处按要求填入数据。

（2）分析以上计算结果，你能得出什么结论？

（3）如果小球下落时考虑空气阻力，表 5.3.1 中的数据是否会改变？

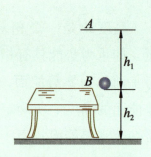

图 5.3.3 小球下落

表 5.3.1 数据记录表

所选取的零势能面	小球在 A 点的重力势能	小球在地面的重力势能	整个下落过程中重力对小球做的功	整个下落过程中小球重力势能的变化量
桌面				
地面				

分析 根据重力势能的表达式 $E_p=mgh$ 即可求解小球的重力势能。注意式中 h 为小球相对零势能面的高度。根据 $W=mg\Delta h$ 可以计算重力做的功，Δh 为小球下落的高度，重力势能的变化量等于小球在末位置的重力势能减去小球在初位置的重力势能。

解 （1）以桌面为零势能面，小球在 A 点的重力势能为

$$E_{p1}=mgh_1=0.5\times10\times1.2 \text{ J}=6 \text{ J}$$

小球在地面的重力势能为

$$E_{p2}=-mgh_2=-0.5\times10\times0.8 \text{ J}=-4 \text{ J}$$

整个过程中重力做功为

$$W=mg(h_1+h_2)=0.5\times10\times(1.2+0.8) \text{ J}=10 \text{ J}$$

整个下落过程中小球重力势能的变化量为

$$\Delta E_p=E_{p2}-E_{p1}=(-4-6) \text{ J}=-10 \text{ J}$$

以地面为零势能面，小球在 A 点的重力势能为

$$E_{p1}'=mg(h_1+h_2)=0.5\times10\times(1.2+0.8) \text{ J}=10 \text{ J}$$

小球在地面的重力势能为

$$E_{p2}'=mgh=0.5\times10\times0 \text{ J}=0 \text{ J}$$

整个过程中重力做功为

$$W'=mg(h_1+h_2)=0.5\times10\times(1.2+0.8) \text{ J}=10 \text{ J}$$

整个下落过程中小球重力势能的变化量为
$$\Delta E_p{'}=E_{p2}{'}-E_{p1}{'}=（0-10）\text{J}=-10\text{ J}$$

（2）小球的重力势能与零势能面的选取有关，是相对的；而重力势能的改变量与零势能面的选取无关。

（3）下落时若有空气阻力，表 5.3.1 中的数据不会改变。

反思与拓展

物体的重力势能具有相对性，与零势能面的选取有关。重力势能的正负表示物体的重力势能相对零势能面的大小，重力势能为正值表示物体高于零势能面，重力势能为负值表示物体低于零势能面。而重力做功、重力势能的变化量与零势能面的选取无关，由始末位置的高度差决定，重力所做的功等于物体重力势能的减少量。

5.3.3 弹性势能

如图 5.3.4 所示，拉开的弓、正在击球的球拍等，这些物体由于发生了弹性形变，就具有了对外做功的本领。**物体由于发生弹性形变而具有的能量称为弹性势能。**

图 5.3.4 拉开的弓和正在击球的球拍

弹性势能是一种被储存的能量，在适当的时候可以释放出来。例如，拉开的弓能够把箭射出去从而释放能量，变形的球拍能把球击出去从而释放能量，等等，这些都是弹性势能的具体表现。

弹性势能的大小与物体的弹性形变量的大小有关，弹性形变量越大，物体具有的弹性势能越多。物体发生弹性形变时会产生弹力的作用，弹力做功 W 与弹性势能的变化量 ΔE_p 的关系为 $W=-\Delta E_p$。这与重力做功和重力势能改变量的关系类似。

物理与职业

起重机检验师

起重机检验师是负责进行起重机的安全性能和质量状况检验的专业人员。他们的主要职责包括：对起重机的结构、部件、控制系统、安全装置等进行全面检查，确保其符合相关标准和规范要求；进行负荷试验，验证起重机的承载能力和稳定性；对起重机使用的环境进行评估，确保起重机能适应各种施工条件。此外，还需要对起重机的维护和保养提供指导与建议。

要成为一名起重机检验师，需要具备至少3年的起重机检验员资格兼工程师资格，并参加由国家特种设备检验协会组织的考试。只有通过考试并获得起重机检验师资格证书的人员，才具备从事这一职业的资格。

如果你有兴趣成为一名起重机检验师，必须学习力、功、功率和能的概念，以及功和能的关系等相关知识。

实践与练习

1. 判断下列说法是否正确。
   (1) 当重力对物体做正功时，物体的重力势能一定减少；
   (2) 物体克服重力做功时，物体的重力势能一定增加；
   (3) 地球上每一个物体的重力势能都有一个确定值；
   (4) 重力做功的多少与零势能面的选取无关。   (   )

2. 如图 5.3.5 所示，选定物体放在桌面上时重心所在的水平面 B 为零势能面。

   (1) 当质量为 m 的物体重心位于水平面 B 以上高度为 h_1 的水平面 A 时，它的重力势能 E_{pA} 是多少？

   (2) 当物体放在桌面上时，它的重力势能 E_{pB} 是多少？

   (3) 当物体放在地面上时，其重心在水平面 C 上，与水平面 B 的距离为 h_2，则它的重力势能 E_{pC} 是多少？

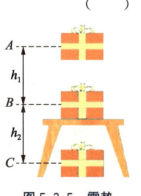

图 5.3.5 零势能面的选取

3. 一根粗细均匀、长为 5 m、质量为 60 kg 的电线杆横放在地面上，如果要把它竖立起来，至少要做多少功？它的重力势能改变了多少？（g 取 10 m/s²）

4. 如图 5.3.6 所示，质量为 50 kg 的跳水运动员从 5 m 高的跳台上以 4 m/s 的速度斜向上起跳，最终落入水中。若忽略运动员的身高，重力加速度 g 取 10 m/s^2，求：

(1) 以水面为零势能面，运动员在跳台上具有的重力势能；

(2) 运动员从起跳到入水的全过程中重力所做的功。

图 5.3.6 高台跳水

图 5.3.7 闭门器

5. 生活中常见的闭门器主要依靠机械器件发生弹性形变后，储存的弹性势能自动将打开的门关闭，如图 5.3.7 所示。当门打开和关闭时，弹簧的弹力分别对外做正功还是做负功？能量是如何转化的？

5.4 机械能守恒定律

在 2022 年北京冬奥会钢架雪车项目中，运动员乘坐钢架雪车沿着有各种弯度的专用冰道，从高处高速滑降至低处的终点。从能量的角度分析，该过程中运动员的重力势能减少、动能增加，它们之间的转化遵循什么规律？总能量是否会发生变化？

5.4.1 动能和势能相互转化

在物理学中，动能和势能（包括重力势能和弹性势能）统称为机械能。用符号 E 表示机械能，则 $E=E_k+E_p$。

在一定条件下，物体的动能和势能可以相互转化。

活动

探讨蹦极运动过程中动能和势能的转化

如图 5.4.1 所示，试分析在蹦极运动中，蹦极者在重力和弹性绳拉力的作用下下落、上升的过程中动能、重力势能和弹性势能之间是如何转化的。

(1) 蹦极者下落的过程中，重力做正功还是做负功？重力势能转化为什么能？

(2) 弹性绳开始拉长至蹦极者下落到最低点的过程中，重力做正功还是做负功？弹力做正功还是做负功？动能和重力势能转化为什么能？

(3) 蹦极者从最低点上升至绳没有拉力的过程中，重力做正功还是做负功？弹力做正功还是做负功？弹性势能转化为什么能？

(4) 蹦极者继续上升至最高点的过程中，重力做正功还是做负功？动能转化为什么能？

图 5.4.1 蹦极运动

在蹦极运动中，动能、重力势能、弹性势能可以相互转化。动能和势能的相互转化是日常生活中的常见现象，比如：小朋友荡秋千时，下降过程中，重力做正功，重力势能减少、动能增加；上升过程中，重力做负功，重力势能增加、动能减少，再比如撑杆跳高、打网球等过程中，也存在类似的动能和势能转化的过程。

5.4.2 机械能守恒定律

物体的动能和势能在相互转化的过程中，一种能量减少的同时，另一种能量增加，那么减少的能量是否刚好等于增加的能量呢？或者说，物体的动能和势能的总量是否保持不变，即机械能是否守恒呢？

如图 5.4.2 所示，设一质量为 m 的物体自由下落，经过高度为 h_1 的 A 点时的速度为 v_1，经过高度为 h_2 的 B 点时的速度为 v_2。在自由落体运动中，物体只受到重力 $G=mg$ 的作用，且重力做正功，设物体从 A 点下落到 B 点的过程中重力所做的功为 W_G，则由动能定理可得

$$W_G = \frac{1}{2}mv_2^2 - \frac{1}{2}mv_1^2 \qquad (5.4.1)$$

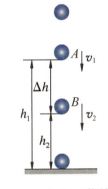

图 5.4.2 自由下落的物体

式（5.4.1）表示重力所做的功等于动能的增加量。

另外，重力做的功为

$$W_G = mg\Delta h = mgh_1 - mgh_2 \qquad (5.4.2)$$

由式（5.4.1）和式（5.4.2）可得

$$\frac{1}{2}mv_2^2 - \frac{1}{2}mv_1^2 = mgh_1 - mgh_2 \qquad (5.4.3)$$

可见，在自由落体运动中，重力做了多少功，就有多少重力势能转化为等量的动能。由式（5.4.3）整理可得

$$\frac{1}{2}mv_1^2 + mgh_1 = \frac{1}{2}mv_2^2 + mgh_2$$

或

$$E_{k1} + E_{p1} = E_{k2} + E_{p2}$$

即

$$E_1 = E_2 \qquad (5.4.4)$$

式（5.4.4）表明，小球在自由落体运动中，任一时刻动能和重力势能之和都保持不变，即小球的机械能总量保持

不变。

可以证明，在只有重力做功的系统内，无论物体做直线运动还是做曲线运动，上述结论都成立。同样可以证明，如果只有弹力做功，系统的机械能也守恒。

研究表明，**在只有重力或弹力做功的系统内，物体的动能和势能相互转化，机械能的总量保持不变。这个结论就是机械能守恒定律。**

活动

体验碰鼻实验

用绳子将一个提桶悬挂在门框下，提桶中放一些重物。将提桶拉离竖直位置并贴着自己的鼻尖后由静止释放，而自己保持不动，提桶将前后摆动。当提桶摆回来时，是否能碰到自己的鼻尖？在此过程中机械能是否守恒？请从能量转化的角度分析实验现象。

例题

如图 5.4.3 所示，滑雪运动员从斜坡顶端 A 以速度 $v_A = 2$ m/s 滑下，到达坡底 B 时的速度为 $v_B = 16$ m/s。运动过程中的阻力均忽略不计，g 取 10 m/s^2。

(1) A、B 两点间的竖直高度差 h 为多少？

(2) 如果运动员由坡底以速度 $v_B' = 7$ m/s 冲上坡面，它能到达的最高点的高度 h' 为多少？

图 5.4.3 滑雪运动员从斜坡滑下

分析 运动员在 A、B 两点间运动时，阻力均忽略不计，只有重力对运动员做功，运动员的机械能守恒，由此可以根据机械能守恒定律，用 A、B 两点机械能之间的关系求解。

解 (1) 将 B 点所在的水平面设为零势能面，根据机械能守恒定律，有

$$\frac{1}{2}mv_A^2 + mgh = \frac{1}{2}mv_B^2 + 0$$

$$h = \frac{v_B^2 - v_A^2}{2g} = \frac{16^2 - 2^2}{2 \times 10} \text{ m} = 12.6 \text{ m}$$

（2）运动员从坡底运动到最高点的过程中只有重力做功，机械能仍然守恒，仍以 B 点所在的水平面为零势能面，则有

$$0+mgh'=\frac{1}{2}mv_B'^2+0$$

解得
$$h'=\frac{v_B'^2}{2g}=\frac{7^2}{2\times10}\text{ m}=2.45\text{ m}$$

反思与拓展

用机械能守恒定律解决问题的一般步骤为：① 确定研究对象；② 判断机械能守恒条件是否成立；③ 选取零势能面；④ 确定始末状态的动能和势能；⑤ 列出相关表达式并求得结果。

机械能守恒定律关注的是两个运动状态之间的能量关系，并不过多地涉及运动过程中的细节。因此，在满足机械能守恒条件时，运用机械能守恒定律解决运动过程较为复杂的问题往往具有明显的优势。

中国工程

我国的水力发电

水力发电站是利用水位差使水流产生强大的动能进行发电。水力发电站一般位于丘陵地带，因为那里比较容易修建水坝，并且可以建造大型蓄水池。在水力发电站中，通过在河流或湖泊上建造水坝来储存水。水从大坝被送入水轮机，落水使水轮机旋转，涡轮驱动与其耦合的交流发电机将机械能转换为电能。这就是水力发电的基本工作原理（图5.4.4）。同时，大坝也有利于灌溉和防洪。开发水力资源发展水电，是我国调整能源结构、发展低碳能源、节能减排、保护生态的有效途径。

图 5.4.4 水力发电的基本工作原理

三峡水电站（图 5.4.5），即长江三峡水利枢纽工程，又称三峡工程，坐落在湖北省宜昌市境内的长江西陵峡段，与下游的葛洲坝水电站构成梯级电站。三峡水电站是世界上规模最大的水电站，1994 年正式动工兴建，2003 年 6 月 1 日下午开始蓄水发电，于 2009 年全部完工。三峡水电站大坝高程 185 m，蓄水高程 175 m，水库长 2 335 m，安装 32 台单机容量为 $7.0×10^5$ kW 的水电机组。

图 5.4.5 三峡水电站

实践与练习

1. 下列各种运动过程中系统的机械能是否守恒？
（1）不计空气阻力，抛出的铅球在空中运动；
（2）物块沿光滑斜面下滑；
（3）跳伞运动员张开伞后在空中匀速下落；
（4）人造地球卫星绕地球做匀速圆周运动。

2. 如图 5.4.6 所示，某建筑工地准备利用打桩机进行施工，该打桩机桩锤的质量为 8 t，从高为 2 m 处自由落下锤击管桩，将桩击入地层。若不计空气阻力，重力加速度 g 取 10 m/s^2，估算每一次桩锤下落时桩锤给管桩的冲击动能。

3. 一物体由高 h 处做自由落体运动，已知下落 2 s 后，物体的动能和重力势能相等，该物体开始下落时的高度是多少？

4. 如图 5.4.7 所示，一物体从静止开始沿着 1/4 的光滑圆弧轨道从 A 点滑到最低点 B 点，已知圆弧轨道的半径为 R，物体滑到 B 点的速度是多少？

图 5.4.6 打桩机

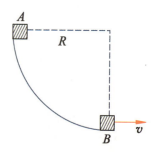

图 5.4.7 物体沿光滑轨道下滑

5.5 学生实验：验证机械能守恒定律

【实验目的】

(1) 利用打点计时器，学会验证机械能守恒定律的方法。
(2) 培养学生提出问题、分析论证及反思评估的能力。

【实验器材】

实验装置如图 5.5.1 所示，包括铁架台（带铁夹）、打点计时器、刻度尺、钩码、纸带、电源等。

【实验方案】

在只有重力做功的情况下，物体的动能和重力势能互相转化，但总的机械能保持不变。利用打点计时器在纸带上记录钩码从静止开始自由下落的高度 h_i，计算相应的瞬时速度 v_i，从而求出物体在自由下落过程中重力势能的减少量 $\Delta E_p = mgh_i$ 与动能的增加量 $\Delta E_k = \frac{1}{2}mv_i^2$。若 $\Delta E_p = \Delta E_k$ 成立，则 $\frac{1}{2}mv_i^2 = mgh_i$ 成立，即可验证机械能守恒定律。

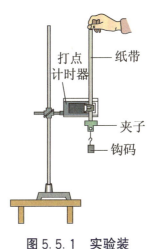

图 5.5.1 实验装置示意图

可见，只要测出下落的高度 h_i 和对应的瞬时速度 v_i，再利用当地的重力加速度 g 的值，就能比较 $\frac{1}{2}mv_i^2$ 和 mgh_i 的大小。由于只需验证 $\frac{1}{2}mv_i^2$ 和 mgh_i 是否相等，并不需要求出 $\frac{1}{2}mv_i^2$ 和 mgh_i 的值，故实验不需要测量重物的质量 m。

【实验步骤】

(1) 纸带一端吊重物，另一端穿过打点计时器。手提纸带，使重物靠近打点计时器并静止。接通电源，松开纸带，让重物自由落下，利用打点计时器记录重物下落过程中的运动情况。

(2) 选取纸带上物体静止下落的起始点记为 O，量出纸带上其他点相对该点的距离，并作为高度，表示重物经过这些点时的重力势能。

(3) 再计算重物经过这些点的瞬时速度，表示重物的动能。

(4) 最后，通过比较重物经过这些点的动能与重力势能，得出实验结论。

【数据记录与处理】

(1) 在实验得到的纸带中,选择一条点迹清晰且第一、第二点间距离接近 2 mm 的纸带,如图 5.5.2 所示。把物体静止下落的起始点记为 O,选取几个与 O 点相隔一段距离的点依次记为 1,2,3,…,用刻度尺测量对应的下落高度 h_1,h_2,h_3,…,填入表 5.5.1 中。

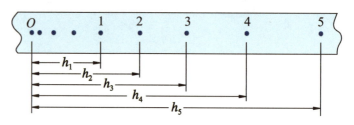

图 5.5.2 实验纸带数据处理示意图

(2) 纸带中相邻两点的时间间隔为 $T=0.02$ s,在匀变速直线运动中,中间时刻的瞬时速度等于这段时间的平均速度,可以用公式 $v_i = \dfrac{h_{i+1}-h_{i-1}}{2T}$($i=2,3,4,…$)计算各点的瞬时速度 v_2,v_3,v_4,并记录在表 5.5.1 中。

(3) 计算各点重力势能的减少量 $\Delta E_p = mgh_i$ 和动能的增加量 $\Delta E_k = \dfrac{1}{2}mv_i^2$,将计算数据填入表 5.5.1 中,并比较 ΔE_k 与 ΔE_p 的值。

(4) 分析数据,形成结论。

表 5.5.1 数据记录表

取点编号	1	2	3	4	5
各点到起始点的距离 h_i/m					
各点的瞬时速度 v_i/(m·s^{-1})	—				—
重力势能的减少量 ΔE_p/J	—				
动能的增加量 ΔE_k/J	—				—

【交流与评价】

1. 结果与分析

对上面的实验数据进行分析,能得到什么实验结论?

2. 交流与讨论

(1) 上述实验方案中,引起实验误差的主要因素有哪些?如何减小实验误差?

(2) 为什么实验中不测量重物的质量也能验证机械能守恒定律?

活动

利用DIS实验装置研究机械能守恒定律

如图5.5.3所示的实验装置中,将光电门传感器固定在摆锤上,且与数字计时器相连接。

由于连接杆的质量远小于摆锤的质量,摆动过程中,连接杆的动能和重力势能可以忽略,只要测量摆锤(含光电门传感器)的动能和重力势能即可。6块挡光片可用螺栓固定在不同位置并由板上刻度读出其相对轨道最低点的高度。

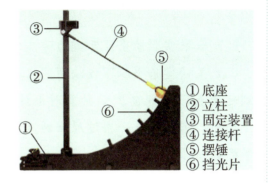

图5.5.3 验证机械能守恒的实验装置

已知挡光片宽度d、摆锤的质量m。释放摆锤,通过光电门传感器,数字计时器上显示摆锤经过6个挡光片的时间t,然后根据$v=\dfrac{d}{t}$,求得摆锤经过6个挡光片的速度v的大小。

想一想,如何利用以上实验方案验证机械能守恒定律?

实践与练习

某实验小组利用如图5.5.1所示的装置做"验证机械能守恒定律"的实验。

(1) 为验证机械能是否守恒,需要比较重物下落过程中任意两点间的(　　)

A. 动能的变化量和势能的变化量

B. 速度的变化量和势能的变化量

C. 速度的变化量和高度的变化量

(2) 除带夹子的重物、纸带、铁架台(含铁夹)、打点计时器、导线和开关外,下列器材中还必须使用的两种器材是(　　)

A. 交流电源　　　B. 刻度尺　　　C. 天平(含砝码)

(3) 实验中,先接通电源,再释放重物,得到如图5.5.4所示的一条纸带。

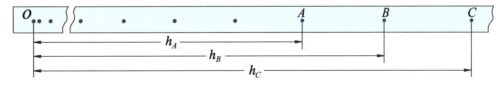

图5.5.4 实验纸带

在纸带上选取三个连续打出的点 A、B、C，测得它们到起始点 O 的距离分别为 h_A、h_B、h_C。已知当地重力加速度为 g，打点计时器打点的周期为 T，设重物的质量为 m。从点 O 到点 B 的过程中，重力势能的变化量 $\Delta E_\mathrm{p}=$ ＿＿＿＿＿＿＿＿，动能的变化量 $\Delta E_\mathrm{k}=$ ＿＿＿＿＿＿＿＿。

（4）如果实验结果显示重力势能的减少量大于动能的增加量，可能的原因是什么？

（5）某同学采用以下方法研究机械能是否守恒：在纸带上选取多个计数点，测量它们到起始点 O 的距离 h_n，计算对应计数点的重物瞬时速度 v_n，描绘 v^2-h 图像，并做出如下判断：若图像是一条过原点的直线，则重物下落过程中机械能守恒。请分析论证该同学的判断依据是否正确。

小结与评价

内容梳理

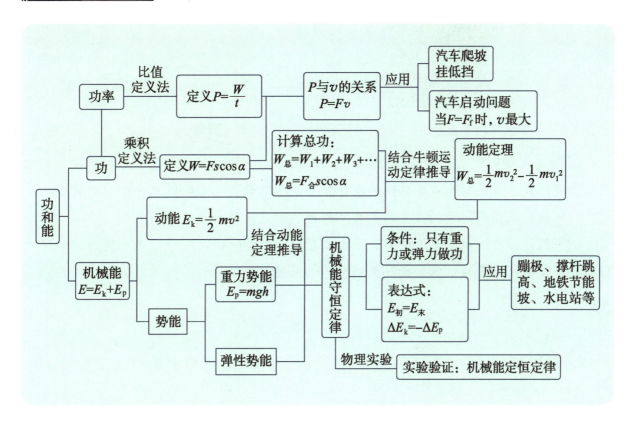

问题解决

1. 收集资料，了解人类除了风力发电外，还有哪些利用动能进行发电的方式，该发电方式的主要特点是什么？写一篇科学小论文，在课堂上与同学交流。

2. 举世瞩目的长江三峡工程建成后，大坝上下游形成了 113 m 的水位差。为解决船舶快速过坝问题，工程师们设计建造了垂直升船机，如图所示，它的最大提升质量超过 15 500 t，由 8 台电动机驱动，可以 0.2 m/s 的速度匀速向上提升船舶。请估算三峡升船机的电动机总功率。

第 2 题图

3. 如图所示，取一支按压式圆珠笔，将笔的按压式笔帽朝下按压在桌面上，松手后笔会向上弹起一定的高度。请设计实验方案并动手实践，估算按压时圆珠笔内部弹簧的弹性势能的增加量。

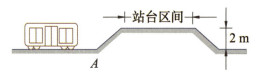

第 3 题图   第 4 题图

4. 随着人类能量消耗的迅速增加，如何有效地提高能量的利用率是人类所面临的一项重要任务。如图所示是某轻轨的设计方案，与站台连接的轨道有一个小的坡度。

（1）请你从提高能量利用率的角度，分析这种设计的优点。

（2）假设站台的地面比上坡前的地面高 2 m，讨论一辆以 36 km/h 的速度在轨道上行驶的列车关闭动力后，能否行驶至站台？如果能行驶至站台，列车在站台上的速度是多少？

第 6 章
静电场

闪电是云与云之间、云与地之间或者云体内各部位之间的强烈放电现象。你是否思考过，电的本质和原理究竟是什么？

自古以来，人类从未停止过对此的探索和追求；到了现代，人类对电的应用已经无处不在，无论是日常生活、科学技术活动还是物质生产活动都已离不开电。本章我们将一同进入电的世界。

主要内容

◎ 电荷　电荷守恒
◎ 库仑定律　电场强度
◎ 电势能　电势
◎ 静电应用与避雷技术
◎ 电容器

6.1 电荷 电荷守恒

摩擦过头发的橡胶棒容易吸引轻小物体，我们称之为静电现象。当把橡胶棒换成金属棒时，金属棒却很难吸引轻小物体。这是为什么呢？

6.1.1 电荷

通过初中的学习，我们知道用丝绸摩擦过的玻璃棒和用毛皮摩擦过的橡胶棒都能吸引轻小物体。我国古人会用布或手心摩擦琥珀，看它能否吸引草屑。16 世纪，英国科学家吉尔伯特在研究这类现象时首先根据希腊文的琥珀创造了"电"这个词，用来表示琥珀经过摩擦以后具有的性质，并且认为经过摩擦的琥珀带有电荷。很多物体都会由于摩擦而带电，我们称这种带电方式为**摩擦起电**。

科学家研究发现，自然界中有两种电荷：正电荷和负电荷，同种电荷相互排斥，异种电荷相互吸引。

电荷的多少叫作电荷量，用 Q 表示，有时也可以用 q 来表示。在国际单位制中，它的单位是库仑，简称库（C）。正电荷的电荷量为正值，负电荷的电荷量为负值。

1881 年第 1 届国际电学大会确定库仑（C）为电荷量的国际单位，定义为 1 A 恒定电流在 1 s 时间间隔内所传送的电荷量为 1 C。

原子是由带正电的质子、不带电的中子以及带负电的电子组成的。每个原子中质子的正电荷数量与电子的负电荷数量一样多，所以整个原子对外界表现为电中性。当物体内部包含的正、负电荷量不相等时，物体就呈带电状态。如果物体失去一些电子，就有多余的正电荷存在，该物体带正电；

反之，物体带负电。这就是摩擦起电的原因（图 6.1.1）。

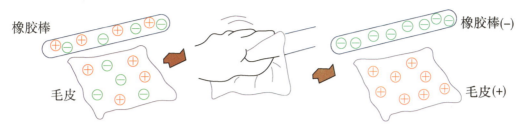

图 6.1.1 摩擦起电的原因

6.1.2 感应起电

摩擦可使物体带电，还有其他方法可使物体带电吗？

> **活动**
>
> ### 观察静电感应现象
>
> 取一对用绝缘柱支持的导体 A 和 B（图 6.1.2），使它们彼此接触。起初它们不带电，贴在下部的两片金属箔闭合。手握绝缘棒，把带正电荷的带电体 C 移近导体 A，金属箔有什么变化？这时手持绝缘柱把导体 A 和 B 分开，然后移开 C，金属箔又有什么变化？再让导体 A 和 B 接触，又会看到什么现象？

图 6.1.2 静电感应实验示意图

当一个带电体靠近导体时，由于电荷间的相互吸引或排斥，导体中的自由电荷便会趋向或远离带电体，使导体靠近带电体的一端带异种电荷，远离带电体的一端带同种电荷。这种感应使金属导体带电的过程叫作**感应起电**。

6.1.3 电荷守恒定律

摩擦起电过程中，电荷从一个物体转移到另一个物体；感应起电过程中，自由电荷从导体的一部分转移到另一部分。也就是说，无论是摩擦起电还是感应起电都没有创造电荷，只是电荷的分布发生了变化。

大量实验事实表明，**电荷既不会创生，也不会消灭，它**

信息快递

所有带电体的电荷量都是元电荷的整数倍。元电荷即最小电荷量，用 e 表示，通常取 $e=1.60\times10^{-19}$ C。当带电体的大小和形态可以忽略时，我们可以将带电体看作点电荷。点电荷是一个理想模型，与电荷量的大小无直接关系。

只能从一个物体转移到另一个物体，或者从物体的一部分转移到另一部分，在转移过程中，电荷的总量保持不变。这个结论称为**电荷守恒定律**。

探寻守恒量是物理学研究物质世界的重要方法之一，它常帮助人们揭示隐藏在物理现象背后的客观规律。电荷守恒定律是物理学中守恒思想的又一具体体现。

例题

在如图 6.1.2 所示的实验中，导体 A 和 B 分开后，A 带上了 1.0×10^{-8} C 的电荷量。实验过程中，是电子由 A 转移到 B 还是由 B 转移到 A？A、B 得到或失去的电子数各是多少？

分析 根据电荷同性相斥、异性相吸的原理，可以判断，导体左端会因带电体 C 的正电荷吸引而带负电荷；根据电荷量和元电荷的倍数关系，可以计算出转移的电子数。

解 因为带电体 C 的正电荷将导体中带负电的电子吸引到了左端，导体分开后，A 带负电，B 带正电，所以电子是由 B 转移到了 A。

因为一个电子的电荷量为 $e = -1.60 \times 10^{-19}$ C，A 的电荷量为 $q = 1.0 \times 10^{-8}$ C，所以转移的电子数为

$$n = \frac{q}{e} = \frac{1.0 \times 10^{-8}}{1.60 \times 10^{-19}} = 6.25 \times 10^{10} \text{（个）}$$

反思与拓展

如果 A、B 未分开且 B 端接地，导体即与大地相连，地球是一个巨大的导体，带电体 C 靠近后，导体中电子如何转移？导体整体是否带电？带什么电？

实践与练习

1. 判断下列说法是否正确。

（1）不带电的物体内部无电荷；

（2）物体带正电荷是由于失去了一些电子；

（3）摩擦起电的原因是两个物体通过摩擦发生了电荷转移；

（4）点电荷的电荷量一定很小。

2. 关于电荷，下列说法正确的是（　　）

A. 电荷量很小的电荷就是元电荷

B. 电荷量很小的电荷就是点电荷

C. 带电体可以看作质点进行分析的电荷就是点电荷

D. 物体所带的电荷量可以是任意的

3. 查阅资料，阐述"接触起电"的基本原理，起电过程及影响因素。

6.2 库仑定律 电场强度

静电力是一种非接触力,这意味着它能够在不直接接触的情况下作用于带电物体之间。这种力是由电荷之间的相互作用产生的,遵循库仑定律。本节我们将学习库仑定律,研究静电力产生的过程和影响静电力大小的因素。

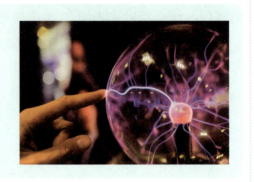

6.2.1 库仑定律

活动

探究影响电荷间作用力的因素

如图 6.2.1 所示,带正电的带电体 C 置于铁架台旁,将系在丝线上带正电的小球先后挂在 P_1、P_2、P_3 位置。

当小球靠近带电体 C 时,丝线偏离竖直方向的角度变大还是变小?小球受到的力变大还是变小?

若带电体 C 位置不变,增大其所带的电荷量,丝线偏离竖直方向的角度变大还是变小?小球受到的力变大还是变小?

电荷之间作用力的大小与哪些因素有关?电荷之间作用力的形式与之前学习的哪种力相似呢?

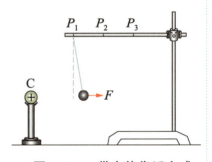

图 6.2.1 带电体靠近小球

事实上,电荷之间的作用力与万有引力是否相似的问题早已引起研究者的注意,英国科学家卡文迪许和普里斯特利等人都推断"平方反比"规律同样适用于电荷间的力。不过,这一问题最终于 1785 年被法国科学家库仑(图 6.2.2)通过扭秤实验巧妙地解决了。

通过实验研究，库仑总结出了电荷间作用力的规律：真空中两个静止的点电荷之间的相互作用力与它们的电荷量的乘积成正比，与它们的距离的二次方成反比，作用力的方向在它们的连线上。这个规律称为**库仑定律**。这种电荷之间的相互作用力叫作静电力或库仑力。

库仑定律是电学发展史上的第一个定量规律，它定义了电荷之间的相互作用力，使得电学研究从定性进入定量阶段，是电学史中一个重要的里程碑。

如果用 q_1 和 q_2 表示两个点电荷的电荷量，用 r 表示它们之间的距离，用 F 表示它们之间的相互作用力，则库仑定律可用公式表示如下：

$$F = k\frac{q_1 q_2}{r^2} \tag{6.2.1}$$

式中，$k = 9.0 \times 10^9 \text{ N}\cdot\text{m}^2/\text{C}^2$，叫作静电力常量。$F$ 的方向可根据"同种电荷相互排斥，异种电荷相互吸引"判断。

例1

试比较电子和氢核（质子）间的静电力和万有引力的大小。已知电子质量为 9.1×10^{-31} kg，质子质量为 1.67×10^{-27} kg。

分析 静电力和万有引力的计算公式相近，静电力 $F_1 = k\dfrac{q_1 q_2}{r^2}$，万有引力 $F_2 = G\dfrac{m_1 m_2}{r^2}$。

解

$$\frac{F_1}{F_2} = \frac{k\dfrac{q_1 q_2}{r^2}}{G\dfrac{m_1 m_2}{r^2}} = \frac{kq_1 q_2}{Gm_1 m_2}$$

$$= \frac{9.0 \times 10^9 \times 1.60 \times 10^{-19} \times 1.60 \times 10^{-19}}{6.67 \times 10^{-11} \times 9.1 \times 10^{-31} \times 1.67 \times 10^{-27}} \approx 2.3 \times 10^{39}$$

由计算结果可知，$F_1 > F_2$，即电子和氢核（质子）间的静电力大于万有引力。

反思与拓展

微观粒子间的万有引力远小于库仑力，因此，在研究微观带电粒子的相互作用时，可以忽略万有引力；两个点电荷之间的作用力不因第三个点电荷的存在而改变。

6.2.2 电场

电荷之间即使不接触，也存在相互作用。这说明电荷周围存在着一种特殊物质。这种存在于电荷周围，看不见、摸不着，但可测量的特殊物质，称为**电场**。经过长期的研究，人们认识到：电荷之间的相互作用是通过电场产生的。只要有电荷存在，电荷周围就存在着电场。电场对放入其中的电荷会产生力的作用，这种力叫作**电场力**。

只有在研究运动的电荷，特别是运动状态迅速变化的电荷时，电场的物质性才凸显出来。

如图 6.2.2 所示的两个电荷 A 和 B，电荷 B 对电荷 A 的作用，实际上是电荷 B 的电场对电荷 A 的作用；电荷 A 对电荷 B 的作用，实际上是电荷 A 的电场对电荷 B 的作用。静止电荷产生的电场，即**静电场**。

图 6.2.2　电荷间的相互作用

6.2.3 电场强度

电场是在电荷间的相互作用中表现出相关特性的。因此，在研究电场的性质时，应该将电荷放入电场中，从电荷所受的静电力入手。放入电场的电荷一般称为试探电荷。放入试探电荷后不会影响原来要研究的电场。

我们不能直接用试探电荷所受的静电力来表示电场强度，因为对于电荷量不同的试探电荷，即使在电场的同一点，所受的静电力也不相同。那么用什么物理量能够描述电场的强弱呢？

实验表明，在电场中的同一点，比值 $\dfrac{F}{q}$ 是恒定的；在电场中的不同点，该比值一般是不同的。这个比值由试探电荷在电场中的位置所决定，与试探电荷的大小无关，它是反映电场性质的物理量。

放入电场中某点的电荷所受的电场力 F 与它的电荷量 q 的比值，叫作该点的**电场强度**，简称**场强**，用 E 表示，即

$$E=\dfrac{F}{q} \tag{6.2.2}$$

电场强度在数值上等于单位试探电荷所受电场力的大小。在国际单位制中，电场强度的单位是牛/库（N/C）。

电场强度是矢量。物理学中规定，电场中某点电场强度的方向就是正电荷在该点所受电场力的方向。因此，负电荷在电场中某点所受电场力的方向与该点电场强度的方向相反。

例2

一个电荷量为 2.0×10^{-8} C 的正电荷在电场中某点所受的电场力为 3.0×10^{-4} N，求该点的电场强度。若将一电荷量为 1.0×10^{-8} C 的负电荷置于该点，该点的电场强度是否变化？求负电荷所受电场力的大小和方向。

分析 已知电荷的电荷量 q 和所受电场力 F，可以根据公式 $E=\dfrac{F}{q}$ 求出电场强度 E；当同一点的电荷发生变化后，该点的电场强度不会发生变化，电荷的受力情况会发生变化。

解 根据电场强度的定义式有

$$E=\frac{F}{q}=\frac{3.0\times10^{-4}}{2.0\times10^{-8}}\text{ N/C}=1.5\times10^{4}\text{ N/C}$$

该点的电场强度大小、方向与该点是否放入电荷以及电荷的大小、正负均无关，所以该点的电场强度不变。

负电荷在该点所受电场力的大小为

$$F'=Eq'=1.5\times10^{4}\times1.0\times10^{-8}\text{ N}=1.5\times10^{-4}\text{ N}$$

电场力的方向与该点电场强度的方向相反。

反思与拓展

可见影响某点场强的因素并非试探电荷及其受力情况，而场强可以影响试探电荷的受力情况。

6.2.4 点电荷的电场

在电荷量为 Q 的点电荷形成的电场中，计算距离点电荷为 r 的某点电场强度的大小时，可在该点放入一电荷量为 q 的试探电荷，由库仑定律公式 $F=k\dfrac{Qq}{r^2}$ 和场强公式 $E=\dfrac{F}{q}$，

可得

$$E=k\frac{Q}{r^2} \qquad (6.2.3)$$

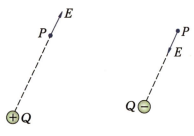

图 6.2.3　电场强度的方向

式（6.2.3）表明，电场中任一点的电场强度与点电荷和这一点在电场中的位置有关，而与试探电荷无关。如图 6.2.3 所示，如果点电荷是正电荷，P 点 E 的方向沿 P 点与点电荷的连线并背离点电荷；如果点电荷是负电荷，P 点 E 的方向沿 P 点与点电荷的连线并指向点电荷。

如果有几个点电荷同时存在，电场中任意一点的电场强度等于各点电荷的电场在该点的电场强度的矢量和。

例3

在点电荷 A 的电场中，距 A 为 30 cm 的 P 点处的场强 $E=1.0\times 10^4$ N/C，E 的方向指向 A。

（1）求点电荷 A 的电荷量大小及电荷种类；

（2）在 P 点处放电荷量 $q=-2.0\times 10^{-8}$ C 的点电荷 B，求其所受电场力的大小和方向。

分析　已知电场强度 E、P 点距 A 的距离 r，由点电荷的场强公式 $E=k\dfrac{Q}{r^2}$，可以求出点电荷 A 的大小和电荷种类；在 P 点放置点电荷 B 后，根据场强公式 $E=\dfrac{F}{q}$，可以求出其所受电场力的大小和方向。

解　已知 $r=30$ cm$=0.3$ m，$E=1.0\times 10^4$ N/C，$q=-2.0\times 10^{-8}$ C。

（1）由点电荷的场强公式，有

$$Q=\frac{Er^2}{k}=\frac{1.0\times 10^4\times 0.3^2}{9.0\times 10^9}\text{ C}=1.0\times 10^{-7}\text{ C}$$

E 的方向指向 A，说明 A 是负电荷。

（2）B 所受电场力的大小为

$$F'=qE=2.0\times 10^{-8}\times 1.0\times 10^4\text{ N}=2.0\times 10^{-4}\text{ N}$$

F' 的方向与 E 的方向相反。

反思与拓展

电场强度和电场力都是矢量，使用这些公式时都不带电荷的正负号，其方向另行判断。

6.2.5 电场线

为了形象地描述电场，英国物理学家法拉第提出了在电场中画出一系列假想曲线的想法，使曲线上每一点的切线方向都与该点的场强方向一致，这样的曲线就称为**电场线**。图 6.2.4 表示一条电场线中 A、B、C 各点的场强方向。如图 6.2.5 所示是孤立的点电荷的电场线，如图 6.2.6 所示是等量异种点电荷的电场线和等量同种点电荷的电场线。

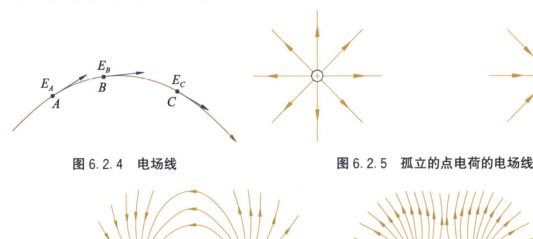

图 6.2.4　电场线 　　　　图 6.2.5　孤立的点电荷的电场线

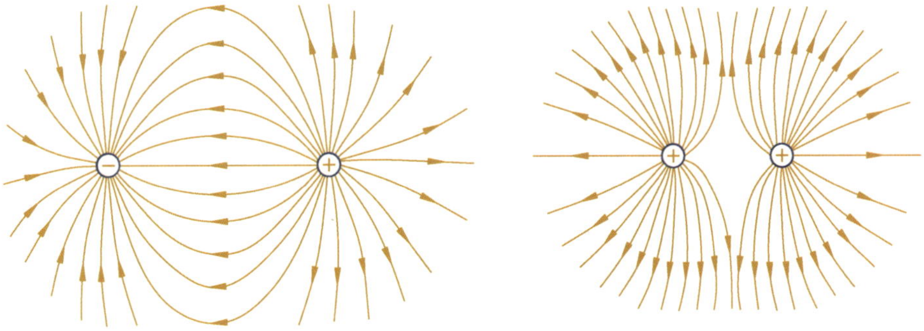

图 6.2.6　等量异种点电荷的电场线和等量同种点电荷的电场线

从图 6.2.5 和图 6.2.6 中可以看出，静电场的电场线具有以下特点：电场线总是从正电荷或无限远处出发，终止于无限远处或负电荷，电场线不闭合、不相交；电场强的地方电场线密集，电场弱的地方电场线稀疏。

6.2.6 匀强电场

在电场的某个区域，如果各点电场强度的大小和方向都相同，这个区域的电场就称为**匀强电场**。匀强电场是一种理想模型，在理论研究中应用广泛。两块分别带等量正、负电荷，靠得很近的平行金属板之间的电场，除边缘附近外就是匀强电场（图 6.2.7）。

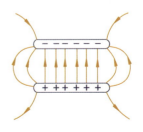

图 6.2.7　匀强电场

因为匀强电场中各点电场强度的方向都相同,所以电场线一定是相互平行的直线;又因为各点电场强度的大小都相同,所以电场线的疏密程度处处相同。因此,匀强电场的电场线是间距相等的平行直线。

中国工程

HEPS直线加速器

2023年3月14日,"十三五"国家重大科技基础设施高能同步辐射光源(High Energy Photon Source,HEPS)直线加速器满能量出束,成功加速第一束电子束,是HEPS装置建设的又一重要里程碑,HEPS进入科研设备安装、调束并行阶段。

HEPS直线加速器是一台常温直线加速器,长约49 m,用于产生电子,并将电子加速到500 MeV,是电子的发射部件和第一级加速器,由端头的电子枪、聚束单元、加速结构、微波功率源等设备构成(图6.2.8)。

图6.2.8　HEPS直线加速器

直线加速器建设过程中,物理设计和设备研发团队坚持技术创新,取得多项成果:自主开发全新上层调束软件平台Pyapas和面向物理的调束软件,可实现多运行模式调试;创新设计内水冷结构和对称式功率耦合器的加速结构,简化了加工工艺的同时,使高功率测试加速梯度达到33 MV/m,处于国际同类设备先进水平;基于绝缘栅双极晶体管的固态调制器,脉冲重复稳定度优于0.02%,相比人工线型调制器提高近一个量级;长寿命、高流强的阴栅组件研制成功,发射电流达到14.7 A,电流发射密度≥10 A/cm²,寿命大于9 000 h。这些成果为HEPS加速器的建设、调束、运行提供了可靠的技术保障,也为先进光源建设提供了坚实的技术储备。

实践与练习

1. 判断下列说法是否正确。

(1) 电荷在电场中某点所受电场力越大，该点的电场强度越大。

(2) 电场强度的方向与电场力的方向总是相同。

(3) 沿电场线方向电场强度越来越小。

2. 如图 6.2.9 所示是某区域电场的电场线分布，A、B、C 是电场中的 3 个点。

(1) 哪一点的电场强度最强？

(2) 各点电场强度的方向分别指向哪里？

(3) 负电荷在 C 点所受电场力的方向如何？

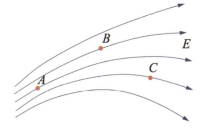

图 6.2.9 某区域电场的电场线分布

3. 真空中有一电场，在这个电场中的某点 P 处放一正点电荷 $q=1.0\times10^{-9}$ C，它受到方向向左、大小为 2.0×10^{-4} N 的电场力。

(1) 求 P 点电场强度的大小。

(2) 负点电荷 $q=-2.0\times10^{-9}$ C 在点 P 处受到的电场力是多大？

4. 查阅资料，了解生产生活中与电场强度相关的知识或应用，完成调研小报告，并在课堂上分享。

6.3 电势能 电势

地球周围的空间就是一个巨大的电场,地球上空的电离层带正电荷,地面带负电荷。闪电是大气中激烈的放电现象,通常一次闪电的瞬时功率约为 $2×10^9$ kW,在闪电通道瞬间温度可达到 $3×10^4$ K,使任何物体都会遭到严重的破坏。那么,怎样描述电场具有的能量呢?

6.3.1 电势能

将带电物体放入电场中,带电物体在电场力的作用下会产生移动,说明电场力对带电物体做了功。电场具有做功的本领,说明电场具有能量,这是电场的另一重要性质。

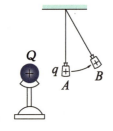

图 6.3.1 研究电场对电荷能量的影响

如图 6.3.1 所示,将电荷量为 $+q$ 的小箔筒用丝线悬挂在 A 处,当我们将电荷量为 $+Q$ 的点电荷放在小箔筒附近时,在点电荷的电场作用下,小箔筒从 A 处偏移到 B 处,即小箔筒克服重力做了功。

通过重力势能的学习,我们知道物体克服重力做功,重力势能增加。根据能量守恒定律可知,一种能量的增加,一定有其他能量的减少。那是什么能量减少了呢?

物理学中,电荷在电场中也具有势能,称为**电势能**,用 E_p 表示。电势能是标量,在国际单位制中单位是焦(J)。

电荷在电场中的什么位置具有的电势能较大呢?我们知道,在地球表面,只受重力的作用时,高处的物体总是向低处运动。也可以说,物体只在重力的作用下,总是从重力势能大的位置向重力势能小的位置运动。电场中的情况与此类似。

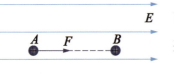

图 6.3.2 正电荷由 A 点向 B 点移动

在如图 6.3.2 所示的电场中,一个放在 A 点的正电荷,如果只受电场力 F 的作用,那么它将向 B 点移动。因此,我们可以判断:正电荷在 A 点的电势能大,在 B 点的电势能小。

在如图 6.3.3 所示的电场中，一个放在 A 点的负电荷，如果只受电场力 F 的作用，那么它将向 B 点移动。因此，我们可以判断：负电荷在 A 点的电势能大，在 B 点的电势能小。

若用 W_{AB} 表示电荷由 A 点运动到 B 点电场力所做的功，E_{pA} 和 E_{pB} 分别表示电荷在 A 点和 B 点的电势能，则它们之间的关系为

$$W_{AB}=E_{pA}-E_{pB} \tag{6.3.1}$$

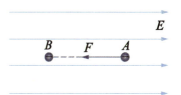

图 6.3.3　负电荷由 A 点向 B 点移动

6.3.2　电势

电荷在电场中某一点具有的电势能与电荷量成正比，但电势能与电荷量的比值跟电荷量无关，是一个恒量，它反映了电场的性质。

电荷在电场中某点的电势能跟电荷量的比值叫作该点的**电势**，通常用 φ 表示，即

$$\varphi=\frac{E_p}{q} \tag{6.3.2}$$

电势在数值上等于单位电荷在该点所具有的电势能。在国际单位制中，电势的单位是伏特，简称伏（V）。电势是标量，与电势能一样，电势的大小与零势能点的选取有关，电势能的零点也是电势的零点，实际生活中常选大地或仪器中的公共地线为电势的零点。电场中电势相同的各点构成的面称为**等势面**。

例1

电荷量为 2.0×10^{-9} C 的正电荷和电荷量为 -6.4×10^{-9} C 的负电荷分别放在电场中的 A、B 两点，测得它们的电势能分别为 8.0×10^{-8} J 和 -3.2×10^{-7} J。问 A、B 两点的电势各是多少？

分析　根据题意可知，正电荷 $q_A=2.0\times10^{-9}$ C，它在 A 点的电势能 $E_{pA}=8.0\times10^{-8}$ J，负电荷 $q_B=-6.4\times10^{-9}$ C，它在 B 点的电势能 $E_{pB}=-3.2\times10^{-7}$ J。根据电势的定义式 $\varphi=\dfrac{E_p}{q}$，可分别计算出 A、B 两点各自的电势。

解 根据电势的定义，A 点的电势为

$$\varphi_A = \frac{E_{pA}}{q_A} = \frac{8.0 \times 10^{-8}}{2.0 \times 10^{-9}} \text{ V} = 40 \text{ V}$$

B 点的电势为

$$\varphi_B = \frac{E_{pB}}{q_B} = \frac{-3.2 \times 10^{-7}}{-6.4 \times 10^{-9}} \text{ V} = 50 \text{ V}$$

反思与拓展

对于重力势能而言，物体的高度越高，其重力势能越大。对于电势能，也是电势越高，电势能越大吗？

根据 $E_p = q\varphi$ 和电场线的特点可以发现，对于一个正电荷来说，在电势高处，电势能大；在电势低处，电势能小。而对于负电荷来说，在电势高处，电势能小；在电势低处，电势能大。

6.3.3 电势差

电场中任意两点的电势之差，称为这两点的**电势差**。电势差就是人们常说的电压，用 U 表示。如图 6.3.4 所示，设电场中 A、B 两点的电势分别为 φ_A 和 φ_B，则 A、B 两点的电势差为

$$U_{AB} = \varphi_A - \varphi_B \quad (6.3.3)$$

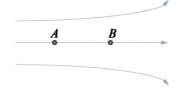

图 6.3.4 电场中的两点

在国际单位制中，电势差的单位和电势的单位相同，也是伏（V）。

将公式 $W_{AB} = E_{pA} - E_{pB}$ 和 $E_p = q\varphi$ 代入式（6.3.3），电势差又可以表示为

$$U_{AB} = \frac{W_{AB}}{q} \quad (6.3.4)$$

在图 6.3.4 中，正电荷沿电场线方向做正功，由 $W_{AB} = qU_{AB}$，可得 $U_{AB} > 0$，又因为 $U_{AB} = \varphi_A - \varphi_B$，所以 $\varphi_A > \varphi_B$。同理，负电荷沿电场线方向做负功，也能得出 $\varphi_A > \varphi_B$。由此可知：沿电场线的方向，电势越来越低。

例2

在如图 6.3.4 所示的电场中,把电荷量 $q=2\times10^{-8}$ C 的点电荷由 A 点移动到 B 点,电场力做的功 $W=4\times10^{-8}$ J。

(1) 求 A、B 两点间的电势差 U_{AB}。

(2) 选 φ_B 为 0,求 φ_A。

(3) 沿电场线方向,电势升高还是降低?

(4) 将 $q'=-4\times10^{-8}$ C 的点电荷由 B 点移动到 A 点,求电场力做的功 W_{BA}。

分析 已知电荷量和电场力做的功,可以求出两点间的电势差;已知一点的电势,由电势差公式可求出另一点的电势;由此可以判断出两点电势的高低,从而辨别沿电场线方向电势升高还是降低;换一个点电荷,反向移动,求电场力做功时要考虑到点电荷的电性和电势差的正负。

解 (1) A、B 之间的电势差为

$$U_{AB}=\frac{W_{AB}}{q}=\frac{4\times10^{-8}}{2\times10^{-8}}\text{ V}=2\text{ V}$$

(2) 已知 $U_{AB}=\varphi_A-\varphi_B$,取 $\varphi_B=0$,则

$$\varphi_A=U_{AB}+0=2\text{ V}$$

(3) 由 $\varphi_A>\varphi_B$ 可知,沿电场线方向,电势降低。

(4) 电场力做的功为

$$W_{BA}=q'U_{BA}=q'(-U_{AB})=-4\times10^{-8}\times(-2)\text{ J}=8\times10^{-8}\text{ J}$$

反思与拓展

电场力做功的正负和大小,取决于点电荷的正负、大小及做功前后两点之间的电势差。

6.3.4 电势差与电场强度的关系

电场强度和电势差都是用来描述电场的物理量,它们之间有什么关系呢?如图 6.3.5 所示的匀强电场中,电场强度为 E,电荷量为 q 的正电荷从 A 点移动到 B 点,静电力所做的功为

$$W_{AB}=qU_{AB}$$

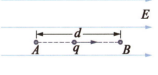

图 6.3.5 匀强电场中的两点

我们也可以用正电荷所受到的电场力来计算,这个力为 $F=qE$。因为匀强电场中各点的电场强度相同,所以正电荷所受到的电场力为恒力,它所做的功为

$$W_{AB}=Fd=qEd$$

对比以上两式可得

$$E = \frac{U_{AB}}{d} \quad (6.3.5)$$

由此可知，匀强电场的电场强度等于电场中两点间的电势差与这两点沿电场方向的距离的比值。由于电势差的单位是伏（V），距离的单位是米（m），因此我们可以得到电场强度的另一个单位伏/米（V/m）。

例3

汽车火花塞的两个电极间的间隙约为 1 mm，点火感应圈在它们之间产生的电压约为 10^4 V，如果将两电极间的电场近似看作匀强电场，那么间隙间的电场强度为多大？

分析 可以把两个电极间的间隙看作匀强电场沿电场方向的距离，结合电压，运用公式 $E = \frac{U_{AB}}{d}$ 即可求出电场强度。

解 已知 $d = 1$ mm $= 0.001$ m，$U = 10^4$ V，则

$$E = \frac{U}{d} = \frac{10^4}{0.001} \text{ V/m} = 1.0 \times 10^7 \text{ V/m}$$

反思与拓展

若汽车出现以下三种情况，可能需要更换火花塞：启动汽车时，汽车难以启动甚至启动失败；汽车行驶时，发动机突然抖动剧烈；汽车行驶时，无缘无故地出现"耸车"现象。

生活·物理·社会

生活中的电场

地球周围的空间就是一个巨大的电场，地球上空的电离层相对于地面平均有 3×10^5 V 电势差，地面附近的电场强度全球平均值约为 130 V/m。实际上我们生活在一个静电的世界里，我们平常呼吸的空气，平均每立方厘米含有 100~500 个带电粒子——离子。人们早就发现，瀑布、喷泉和海边的空气对人体健康有益，使人神清气爽、心情愉快，是因为这些地方空气中的负离子含量比一般地方高得多。

人体本身就是一个奇妙的静电世界，每一个细胞都是一个微型电池，人体细胞

膜内外电势差约为 35 mV（静息状态下内侧电位低，外侧电位高），但不同细胞的膜内外电势差也有不同，比如神经细胞膜内外电势差约为 70 mV，心肌细胞约为 90 mV。正是依靠细胞膜的内外电势差，我们的神经系统才能快速准确地将视觉、听觉、味觉和触觉传递给大脑，并把大脑的命令下达到全身，使人体成为一个高度统一的整体。

人体含有多种电解质，如各种无机盐等。这些盐类在水溶液中解离为正、负离子，使人体成为电的导体。人体心脏在跳动时，产生的生物电随时间和空间变化，这些变化可传到体表。用置于体表的电极可以探测到各点的电势或电势差随时间的变化，并在纸带上将它记录下来，就得到了心电图，用于诊断心脏疾病。大脑的外层皮质也具有类似的电势变化，用类似的方法可以得到脑电图，用于诊断神经方面的疾病。

实践与练习

1. 判断下列说法是否正确。
（1）正电荷沿着电场线方向运动，电势能增大。
（2）负电荷沿着电场线方向运动，电势能不变。
（3）沿电场线方向电势越来越低。

2. 如图 6.3.6 所示是一个负电荷激发的电场，A、B 为电场中的两点。请与同学讨论：
（1）A、B 两点中哪一点的电势高？
（2）正电荷在哪一点的电势能大？
（3）负电荷在哪一点的电势能大？

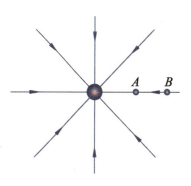

图 6.3.6　点电荷电场中的两点

3. 如图 6.3.7 所示的匀强电场中，已知 M、N 两点间的电势差 U_{MN} 为 6 V，距离 d 为 2 cm，该匀强电场的电场强度 E 为多大？

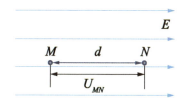

图 6.3.7　匀强电场

4. 查阅资料，用静电棒以及生活中的材料做一个竖直方向上的跳跳球实验，体会电场力做功、电势能、场强与电势差的关系。

6.4 静电应用与避雷技术

自然界中到处都有静电。生产中的搅拌、挤压、切割等活动，生活中的穿衣、脱衣、运动等过程都可能产生静电。在加油站给车加油前，为什么要触摸一下静电释放器呢？

6.4.1 尖端放电

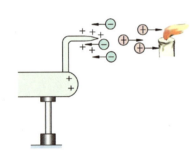

图 6.4.1 尖端放电现象

理论和实验证明：电荷在导体表面上的分布与表面的弯曲程度有关。导体表面较平坦的地方，电荷分布比较稀疏，电场较弱；导体表面凸出和尖锐的地方，电荷分布比较密集，电场较强。如果导体有尖端，尖端处电荷就特别密集，电场也特别强，可以导致周围空气电离。在强电场的作用下，负离子飞向电极，与电极上的正电荷中和，这种现象叫作**尖端放电**（图 6.4.1）。

为什么在建筑物上装上避雷针后，就不会遭受到雷击呢？避雷针是一个高耸的金属装置，通常安装在建筑物或其他结构的顶部。在雷雨天气中，避雷针利用尖端放电的原理，将云层中的电荷引导到地面，从而保护建筑物和其他设施免受雷击。

尖端放电会导致高压设备上电能的损失，所以高压设备中导体的表面应该尽量光滑。夜间高压线周围有时会出现一层绿色光晕，这也是一种微弱的放电现象。

6.4.2 静电屏蔽

将一个导体放在外电场中，金属内部的自由电子会在电场力的作用下逆着电场方向运动，使导体的正负电荷分布在两边，这些电荷在导体内部形成与外电场方向相反的电场。

当导体内部的总电场强度为零时，导体内的自由电子不再移动，导体内部场强处处为零，此时导体达到静电平衡状态。

处于静电平衡状态的导体内部没有电荷，电荷只分布在导体的外表面。即使是空壳导体，处于静电平衡状态时，壳内的场强仍处处为零。这样，导体壳所包围的区域就不受外部静电场的影响，这种现象叫作**静电屏蔽**。

如图 6.4.2（a）所示，把验电器靠近带电球，由于静电感应，验电器的箔片张开。如果用金属网罩把验电器罩住，如图 6.4.2（b）所示，验电器的箔片就闭合。这说明金属网罩起到屏蔽外电场的作用。

静电屏蔽在实际生活中有重要的应用。例如，有的电子元件加上一个金属外壳，在通信电缆外包上一层金属皮，传送高频信号的屏蔽线外表用金属丝编成的网包起来，等等。

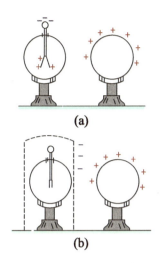

图 6.4.2　静电屏蔽

6.4.3　静电的应用

> ▶ 静电除尘

设法使空气中的尘埃带电，在静电力作用下，尘埃到达电极而被收集起来，这就是**静电除尘**。

如图 6.4.3 所示，静电除尘器由板状收集器 A 和线状电离器 B 组成。将 A 接到几千伏高压电源的正极，B 接到高压电源的负极，它们之间有很强的电场，而且距 B 越近，电场强度越大。B 附近空气中的气体分子更容易被电离，成为正离子和电子。正离子被吸到 B 上，得到电子，成为分子。电子在向 A 运动的过程中，遇到空气中的粉尘，使粉尘带负电。带负电的粉尘被吸附到 A 上，最后在重力的作用下落入下面的漏斗中。静电除尘可用于粉尘较多的各种场所，除去有害的微粒，或者回收物资，如回收水泥粉尘。

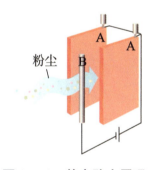

图 6.4.3　静电除尘原理

> ▶ 静电喷漆

接负高压的涂料雾化器喷出的油漆微粒带负电，在静电力的作用下，这些微粒向着作为正极的工件运动，并沉积在工件的表面，完成喷漆工作。

▶ 静电复印

复印机也应用了静电现象。复印机的核心部件是有机光导体鼓，它是一个金属圆柱，表面涂覆有机光导体（Organic Photo Conductor，OPC）。没有光照时，OPC 是绝缘体，受到光照时变成导体。复印机复印的工作过程如图 6.4.4 所示。

充电　　曝光　　显影　　转印　　放电

图 6.4.4　静电复印的工作流程

充电：接通电源，使有机光导体鼓表面在暗处带正电。

曝光：利用光学系统将原稿上字迹的像成在有机光导体鼓上，有机光导体鼓上被字迹遮光的地方保持正电荷，而其他地方的正电荷被导走，形成了由正电荷组成的字迹的"静电潜像"。

显影：带负电的墨粉被带正电的"静电潜像"吸引，并吸附在潜像上，鼓表面的潜像变成了可见的像。

转印：带正电的转印电极使输纸机构送来的白纸带正电，带正电的白纸与有机光导体鼓表面墨粉组成的字迹接触，带负电的墨粉被吸到白纸上，经复印体加热后将墨粉永久地粘在纸上。

6.4.4　静电的防止

静电有时也会给人们带来麻烦和危害。两物体由于摩擦会带上异种电荷，产生静电吸引力。在印刷厂里，会使纸张粘在一起，被粘的纸会被漏印。在印染厂里，棉纱毛线、化纤上的静电会吸引空气中的灰尘，使印染质量下降。静电对现代高精密度、高灵敏度的电子设备颇有影响，带静电较多的人会妨碍电子计算机的正常运行，电子仪器的某些器件会因火花放电被击穿。矿井里的火花放电会引起可燃气体爆炸，造成重大矿难。在石油、化工行业，火花放电会点燃某些易燃物质，引起爆炸。油罐车在灌油和运输时，燃油与容器摩擦产生静电，如果发生火花放电，会引起爆炸。

实践与练习

1. 某砂纸生产设备的工艺流程示意图如图 6.4.5 所示。生产时先在纸面涂上黏着剂，再将纸送入高压静电区。当纸出来后，纸面上就附着了一层砂粒。请与同学讨论，这台设备的工作原理是什么？主要优点是什么？

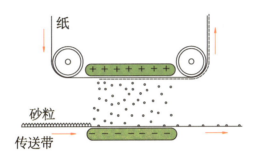

图 6.4.5　砂纸生产设备的工艺流程示意图

2. 搜集资料，了解我国古代对电现象的文献记载，写一篇调查小报告，在课堂上与同学交流。

3. 冬季气候干燥，人体容易带电，当人伸手接触金属物体时常常会有刺痛的感觉。请与同学讨论或查阅资料，寻找解决这一问题的办法。

6.5 电容器

你见过盛氧气的容器——氧气瓶，也见过盛水的容器——水桶，那你有见过盛电荷的容器——电容器吗？其实电容器就在你的身边。在收音机、电视机以及其他电子仪器中，电容器是最常用的器件之一。你能用学过的静电学知识想象出什么样的容器能储存电荷吗？

6.5.1 电容器的充放电

电容器是一种重要的电学元件，具有隔直流通交流、耦合、旁路、滤波、调谐回路、能量转换、控制电路等重要作用。在两个相距很近的平行金属板中间夹一层绝缘物质——电介质（空气也是一种电介质），就组成了一个简单的电容器，称为**平行板电容器**。这两个金属板称为电容器的极板。实际上，任何两个彼此绝缘又相距很近的导体，都可以看成一个电容器。

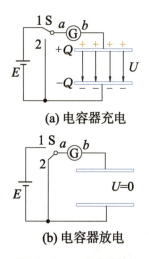

(a) 电容器充电

(b) 电容器放电

图 6.5.1 电容器的充放电示意图

如图 6.5.1(a) 所示，开关 S 接 1，电容器的上下两个极板分别与电源的正、负极相连，两个极板分别带上等量异种电荷，这个过程就称为**电容器的充电**。在充电过程中，电流表可以观察到短暂的充电电流。通过观察电流表可以知道，充电时电流由电源的正极流向电容器的正极板。与此同时，电流由电容器的负极板流向电源的负极。

随着两极板之间电势差的增大，充电电流逐渐减小至 0，此时电容器的两极板带有一定的等量异种电荷。即使断开电源，两极板上的电荷由于相互吸引仍然被保存在电容器中，两极板之间有电场存在。在充电过程中由电源获得的电能储存在电场中，称为**电场能**。两个极板上所带电荷量的绝对值，称为**电容器所带的电荷量**。

如图 6.5.1(b) 所示，开关 S 接 2，将充电后的电容器的两极板接通。放电电流由电容器的正极板经过导线流向电容器的负极板，正、负电荷中和。此过程中两极板所带的电荷量减小，电势差减小，放电电流也减小，最后两极板的电势差以及放电电流都等于 0，这个过程称为**电容器的放电**。

接上电源的瞬间，电源负极的电子便向电容器的负极板流去，但由于两极板间的绝缘介质不导电，所以这些负电荷只能积累在负极板上。又由于这些负电荷对绝缘介质中的电子有排斥作用，于是绝缘介质中靠近电容器负极板的一侧便形成正电荷层，靠近电容器正极板的一侧便形成负电荷层。正极板中的电子则被绝缘介质中的负电荷排斥到电源正极去，这样，电容器正极板上便积累了正电荷。

随着正负电荷的不断积累，电容器正极板的电势逐渐升高，与电源正极间的电势差逐渐减小。当两者电势相等时，电荷不再移动，充电电流为零，电容器两极板上所积累的电荷也就不再增加，而电荷就被储存在电容器中。

6.5.2 电容器的电容

电容器充电后，两极板间就有了电势差。实验表明，电容器所带的电荷量 Q 与电容器两极板间的电势差成正比，比值 $\dfrac{Q}{U}$ 是一个常量。不同的电容器，这个比值一般是不同的，它表征了电容器储存电荷的特征。

电容器所带的电荷量 Q 与电容器两极板之间的电势差 U 的比值，称为**电容器的电容**，用 C 表示，即

$$C=\dfrac{Q}{U} \tag{6.5.1}$$

式（6.5.1）表示，电容器的电容在数值上等于使两极板间的电势差为 1 V 时电容器需要带的电荷量，电荷量越多，表示电容器的电容越大。这类似于用不同的容器装水，如图 6.5.2 所示，两个容器均注入 1 cm 高度的水后，截面积大的容器储存的水量多。可见，电容是表示电容器储存电荷本领大小的物理量，电容的大小由电容器的构造决定，与电容器带电荷量多少无关。

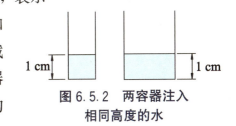

图 6.5.2 两容器注入相同高度的水

在国际单位制中，电容的单位是**法拉**，简称**法**（F）。如果一个电容器带 1 C 的电荷量，两极板之间的电势差是 1 V，这个电容器的电容就是 1 F。常用的电容单位还有**微法**（μF）和**皮法**（pF），它们与法（F）的换算关系为

$$1\ \mu F = 10^{-6}\ F$$
$$1\ pF = 10^{-12}\ F$$

例 1

一个电容器充电后所带的电荷量为 $Q = 4 \times 10^{-6}$ C 时，它的两极板间的电势差 $U = 2$ V，由此可知，该电容器的电容是多少？如果再充进 4×10^{-6} C 的电荷量，其电容为多少？

分析 运用公式 $C = \dfrac{Q}{U}$ 可以计算出电容器的电容，电容的大小与电容器的带电荷量无关。

解 电容器的电容为

$$C = \frac{Q}{U} = \frac{4 \times 10^{-6}}{2}\ F = 2 \times 10^{-6}\ F$$

如果再充进 4×10^{-6} C 的电荷量，该电容器的电容大小不变，仍为 2×10^{-6} F。

反思与拓展

给带一定电荷量的电容器充电，电容器所带电荷量增加，那么相应地，两极板间的电压也会增大，但其电容不会改变。

信息快递

加在电容器两极板上的电压不能超过某一限度，超过这个限度，两极板间的电介质将被击穿，电容器损坏。这个极限电压叫作击穿电压。电容器外壳上标的是工作电压，或称额定电压，这个数值通常比击穿电压低。

6.5.3 平行板电容器的电容

从前面的学习我们知道，电容是表示电容器储存电荷本领的物理量，电容的大小由电容器本身的构造决定。那么，平行板电容器的电容与哪些因素有关呢？

理论和实验表明，**平行板电容器的电容与极板正对面积 S 成正比，而与极板间距离 d 成反比**。如果极板间是真空环境，那么平行板电容器的电容 C 可表示为

$$C = \frac{S}{4\pi k d} \qquad (6.5.2)$$

式中，k 是静电力常量；S、d、C 的单位分别为平方米（m²）、米（m）、法（F）。

如果在两极板间插入纸、云母、陶瓷等电介质时,电容器的电容将增大到真空时的 ε_r 倍,不同电介质对电容器的影响不同,两极板间充满电介质时平行板电容器的电容为

$$C=\frac{\varepsilon_r S}{4\pi kd} \qquad (6.5.3)$$

其中,ε_r 是一个常数,与电介质的性质有关,称为电介质的相对介电常数。空气的相对介电常数可近似等于1。

平行板电容器的电容是由两极板的形状、大小、两极板的相对位置以及极板间的电介质决定的。

例2

有一平行板电容器,两极板间的距离是 d,电容是 C。用一个电压为 U 的电源对它充电后,再撤去电源,保持极板正对面积不变,将距离减小为 $d'=\frac{d}{2}$,极板间的电势差有何变化?

分析 电容器充电后撤去电源,极板上的电荷量保持不变,减小极板距离,电容增大。

解 平行板电容器极板间距离减小后其电容变为

$$C'=\frac{S}{4\pi k \frac{d}{2}}=2C$$

电容器充电后撤去电源,带电荷量保持不变,极板间电势差变为

$$U'=\frac{Q}{C'}=\frac{Q}{2C}=\frac{U}{2}$$

反思与拓展

本题根据平行板电容器的电容 C 的公式求出间距变化后的电容,根据电容的定义求出极板间电势差。

6.5.4 常用电容器

常用的电容器,从构造上看,可以分为固定电容器和可变电容器两类。

固定电容器的电容是固定不变的(图 6.5.3),常用的有聚苯乙烯电容器和电解电容器。

图 6.5.3 固定电容器

以聚苯乙烯薄膜为电介质，把两层铝箔隔开并卷起来，就制成了聚苯乙烯电容器。改变铝箔的面积和薄膜的厚度，可以制成不同电容的聚苯乙烯电容器。以陶瓷为电介质的固定电容器也较常见。

电解电容器是用铝箔作为一个极板，用铝箔上很薄的一层氧化膜作为电介质，用浸过电解质液的薄纸、薄膜或电解质聚合物作为另一个极板制成的。由于氧化膜很薄，所以电容较大。

可变电容器由两组铝片组成（图 6.5.4），它的电容是可以改变的。固定的一组铝片叫作定片，可以转动的一组铝片叫作动片。转动动片，使两组铝片的正对面积发生变化，电容就随之改变。

超级电容器是一种能将电能储存在电场中的新型电容器，它的出现使电容器的容量得到了大幅提升。超级电容器的充电时间短，储存电能多，放电功率大，使用寿命长。这些优点展现了它作为新型动力电源的广阔发展前景。

图 6.5.4　可变电容器

 实践与练习

1. 一个电容为 100 μF、额定电压为 6 V 的电容器，在电压为 3 V 的电源上充电后，带电荷量是多少？该电容器最多能带多少电荷量？

2. 两极板间距为 1 mm 的空气平行板电容器，若使它的电容为 1 F，这个电容器的极板面积为多大？若使它的电容分别为 1 μF 和 1 pF，极板面积应为多大？

3. 有一电容器两极板的电势差为 U，带电荷量为 Q，如果使它的带电荷量再增加 4.0×10^{-8} C，两极板间的电势差就增加 50 V，这个电容器的电容是多大？

小结与评价

内容梳理

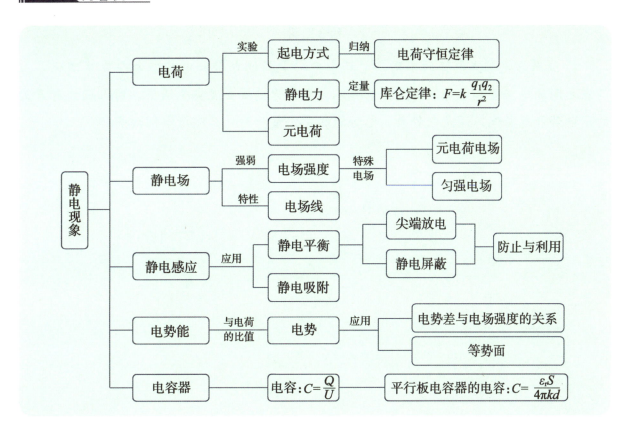

问题解决

1. 依照维修规范，电子维修工在拆装、维修电路板时，需要佩戴静电手环。佩戴方法为手环的一端套在手腕上，另一端的金属头拖放在地上，如图所示。你知道静电手环的作用吗？为什么另一端需要拖在地上呢？如果不戴，会对元器件造成怎样的危害？

第1题图

2. 平行板电容器充电后，继续保持电容器的两极板与电源相连，在这种情况下，若增大两极板间距 d，则极板间电势差 U、电容器所带电荷量 Q、极板间场强 E 如何改变？平行板电容器充电后，切断与电源的连接，若增大 d，则 U、Q、E 如何改变？

3. 如图所示是工业自动化生产中使用的电容测厚仪，其平行板电容器的极板间距会随着通过的金属板材厚度的变化而变化。设板材的标准厚度为 d_0 时，电容器的电容为 C_0，现在测得电容的改变量为 ΔC，则此时通过的板材厚度为多少？

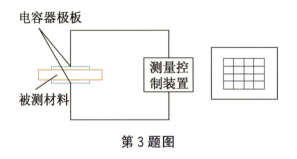

第3题图

4. 随着零电势点选择的不同，电场中某一电荷的电势和电势能都会发生变化，但两点之间的电势差和电势能的变化量并不会变。你觉得在现实生活中，对人们更有意义的是电势和电势能，还是电势差和电势能的变化量？为什么？请举例说明。

第 7 章
恒定电流

秦淮河素有中国第一历史文化名河之称,夜色笼罩下,游船如织,流光溢彩,如梦似幻,让人在视觉盛宴中产生穿越古今之感。秦淮河美丽夜景的呈现离不开电。

本章我们将进一步加深对电流的了解,认识科技进步与社会发展的关系,理解电流的本质,揭示电路中的物理规律,探究电路中的能量转化,并学习如何对电流进行测量。

主要内容
◎ 电流　电源　电动势
◎ 闭合电路欧姆定律
◎ 学生实验:用多用表测量电学中的物理量
◎ 电功与电功率
◎ 能量转化与能量守恒定律
◎ 学生实验:电表的改装

7.1 电流 电源 电动势

日常生活中，手机、相机、汽车等的使用都离不开电池。不同的是，有的电池使用时间长，有的使用时间短。某电池上标示 3 100 mA·h，你知道它的含义吗？

7.1.1 电流

通过初中的学习，我们知道电荷的定向移动形成电流。要形成电流，必须要有能自由移动的电荷。金属导体中有大量可以自由移动的电子，酸、碱、盐水溶液中有大量可以自由移动的正、负离子，这些都是可以自由移动的电荷。

当导体两端没有电压时，导体中没有电场，自由电荷做无规则的热运动 [图 7.1.1(a)]。此时朝不同方向运动的自由电荷，数目大致相等，导体中就不会形成电流。

当导体两端有电压时，导体中存在电场，自由电荷受到电场力的作用发生定向移动，从而形成电流 [图 7.1.1(b)]。

物理学中规定，正电荷定向移动的方向为电流方向，负电荷定向移动的方向与电流的方向相反。

物理学中用**电流**这个物理量来描述每秒内通过导体横截面的电荷量的多少，用 I 表示，即

$$I = \frac{q}{t} \qquad (7.1.1)$$

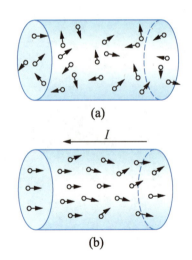

图 7.1.1 导体中自由电荷的运动

在国际单位制中，电流的单位是安培，简称安（A）。1 A = 1 C/s。电流的常用单位还有毫安（mA）和微安（μA），它们的换算关系为

$$1 \text{ A} = 10^3 \text{ mA} = 10^6 \text{ μA}$$

7.1.2 电源

电路中导体两端的电压是由电源提供的。如果没有电源，

电路中就不存在电压,也就不能形成电流。电池、发电机等都是电源。电源能将其他形式的能量转化成电能。普通电池将化学能转化为电能,水电站、风力发电站中的发电机将机械能转化为电能。

在电路中,电流从电源正极经过用电器流向负极。

电池的一个重要参数是容量。电池的容量就是电池放电时能输出的总电荷量,通常以安时(A·h)或毫安时(mA·h)为单位。例如,60 A·h 的蓄电池(图 7.1.2)充电后以 6 A 电流为用电器供电,大约可以工作 10 h。

图 7.1.2 蓄电池

7.1.3 电动势

电源接入电路后,将其他形式的能转化为电能,电能经过用电器转化为机械能、内能、光能等。

不同的电源将其他形式的能量转化为电能的本领不同,物理学中用**电动势**表示电源的这种本领。电动势用 E 表示,它的单位与电压的单位相同,用伏(V)表示。电动势越大,说明电源将其他形式的能转化为电能的本领越大。

电动势与电压的概念不同,如果电源没有接入电路,用电压表测得的它两端的电压就等于电源的电动势。电源电动势的大小由电源本身的性质决定,与电源是否接入电路无关。

 生活·物理·社会

手机一定要满充满放吗?

关于手机充电,流传着一些说法:手机电量耗尽再充电,每次充电要充满,这样才有利于电池保养,随用随充会影响电池寿命。

早些年广泛使用的充电电池,比如镍镉电池,它的缺点很明显:有记忆效应。当多次没有耗尽电量、没有将电充满时,电池容量就会"记住"充电与断电时的电量,分别将其视为电量的最大值和最小值,导致电池容量减少。但现在,镍镉电池已逐渐被淘汰,取而代之的是锂离子电池。目前智能手机采用的多是锂离子电池,比起镍镉电池,它的优点包括:能量密度高,储存的电量更多;记忆效应微弱,就算不充满电就拔下来,也不会有什么影响。使用锂离子电池的注意事项恰恰和镍镉电池相反：不要等没电时再充，也不要充得过满，即不需要每次都深度充放电。

所以，相比于"满充满放"，"多次少充"才是更适合现在手机的充电习惯。

除此之外，充电时应先把插头接入电源，再用数据线连接到手机。充电完成后，要先拔手机再拔插头。

为了手机电池的安全，尽量避免一边使用手机一边给手机充电，也不要给手机买太厚的保护壳，因为温度升高会加速手机电池容量的减少。

 实践与练习

1. 某手机电池的容量是 500 mA·h，连续通话时间大约为 6 h，连续待机时间大约为 720 h，充电时间大约是 3 h。根据这些数据可以知道，通话时电池的放电电流大约是_____，待机时电池的放电电流大约是_____，充电电流大约是_____。

2. 调查家中的电池使用情况。想一想，为什么不同的用电器要使用不同的电池？

3. 查阅资料，研究我国新能源电池的发展现状和研究方向，完成调研报告。

7.2 闭合电路欧姆定律

当代人们的生活离不开电。随着科技的发展，电为人们带来便利的同时，还极大地满足了人们的精神需求。无人机灯光秀让夜空变得更加绚丽多彩，让人们沉浸在视觉享受中。无人机上的灯是怎么发光的呢？

如图 7.2.1 所示，闭合电路又称全电路，由两部分组成：一部分是电源外部的电路，称为外电路，包括用电器和导线；另一部分是电源内部的电路，称为内电路。外电路的电阻称为外电阻。内电路也有电阻，通常称为电源的内电阻，简称内阻。电路中提供电能的装置是电源，消耗电能的元件有外电阻 R 和内阻 r。从能量守恒的角度分析，电源提供的能量等于内、外电阻消耗的能量。

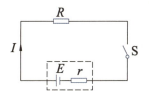

图 7.2.1 闭合电路

进一步分析可得，在闭合电路中，电源电动势等于外电路电压和内电路电压之和，即

$$E = U_外 + U_内 \qquad (7.2.1)$$

在如图 7.2.1 所示的闭合电路中，电流为 I，外电阻为 R，内阻为 r，电动势为 E。由欧姆定律可知，$U_外 = IR$，$U_内 = Ir$，代入式（7.2.1）得

$$E = IR + Ir \qquad (7.2.2)$$

整理可得

$$I = \frac{E}{R+r} \qquad (7.2.3)$$

式（7.2.3）表明，闭合电路中的电流与电源的电动势成正比，与内外电阻之和成反比，这个结论称为**闭合电路欧姆定律**。

外电路两端的电压，通常叫作路端电压，用 U 表示。$U = IR$，代入式（7.2.2），得 $U = E - Ir$。由此可知，路端电压跟负载的关系如下：

当外电阻 R 增大时，电流 I 减小，路端电压 U 增大；相反，当外电阻 R 减小时，电流 I 增大，路端电压 U 减小。

当外电路断开时，R 变为无穷大，电流 $I=0$，$U=E$，此时 U 称为开路电压，外电路断开时的路端电压等于电源的电动势。这是粗略测量电源电动势的方法之一。

当电源两端短路时，外电阻 $R=0$，$I=\dfrac{E}{r}$，此时的 I 称为**短路电流**。由于电源的内阻一般都很小，如干电池内阻小于 $1\ \Omega$，铅蓄电池内阻约为 $0.005\sim0.1\ \Omega$，所以短路电流很大，可能会烧坏电源，甚至引起火灾。因此，为了避免短路，必须在电源输出部分安装熔断器，当电源的输出电流超过熔断器的额定电流时，熔断器可以切断电源输出，从而保护电源。

例题

在如图 7.2.1 所示的电路中，电源的电动势为 1.5 V，内阻为 0.15 Ω，外电路的电阻为 1.35 Ω。求电路中的电流、路端电压和短路电流。

分析 已知电源的电动势和内、外电阻，根据闭合电路欧姆定律，可求出电流。由 $U_{外}=IR$ 可求出路端电压。根据 $I=\dfrac{E}{r}$，可求出短路电流。

解 根据闭合电路欧姆定律可得，电路中的电流为

$$I=\dfrac{E}{R+r}=\dfrac{1.5}{1.35+0.15}\ \text{A}=1\ \text{A}$$

路端电压为

$$U=IR=1\times 1.35\ \text{V}=1.35\ \text{V}$$

短路电流为

$$I_{短}=\dfrac{E}{r}=\dfrac{1.5}{0.15}\ \text{A}=10\ \text{A}$$

反思与拓展

闭合电路欧姆定律的发现在电学史上具有里程碑的意义，给电学的计算带来了便利。但欧姆的研究成果最初公布时，没有引起科学界的重视，甚至还受到一些人的攻击。有人安慰他说："请您相信，在乌云和尘埃后面的真理之光最终会透射出来，并含笑驱散它们。"最终欧姆的工作得到了科学界普遍的承认。

实践与练习

1. 判断下列说法是否正确。

(1) 闭合电路中的电流随外电阻的变化而变化。

(2) 外电阻越大,外电路电压越大。

(3) 不论外电阻如何变化,内电路电压都不改变。

2. 电源的电动势 $E=1.5$ V,内阻 $r=0.1$ Ω,外电路的电阻 $R=1.4$ Ω,求电路中的电流 I 和路端电压 U。

3. 许多人造卫星都用太阳能电池供电,太阳能电池由许多片电池板组成。某电池板的开路电压为 $600\ \mu\text{V}$,短路电流为 $30\ \mu\text{A}$。求这块电池板的内阻。

4. 查阅资料,了解新能源汽车电池的研究方向和新能源汽车的发展前景,并在课堂上进行介绍、交流。

7.3 学生实验：用多用表测量电学中的物理量

【实验目的】

（1）了解多用表的结构和使用方法。

（2）使用多用表测量电路元件的电阻、直流电流、直流电压、交流电压。

【实验器材】

多用表、不同阻值的电阻、学生电源、小灯泡、滑动变阻器、开关、导线等。

【实验步骤】

1. 实验准备

观察指针式多用表，熟悉基本操作方法。测量前，应先检查指针是否指零，即指针、零刻度、镜面中指针的虚像应在一条直线上。如果指针没有指零，要用螺丝刀轻轻地转动表盘下面中间的机械调零旋钮，使指针指零。将红表笔和黑表笔分别插入正（＋）、负（－）表笔插孔。

2. 测量电阻

（1）检查多用表指针是否仍在左端零刻度；将黑、红表笔短接，调节欧姆调零旋钮，使指针指在右端电阻零刻度处。

（2）估测待测电阻的电阻值，将多用表的选择开关旋至合适倍率的欧姆挡。欧姆挡的量程有×1、×10、×100、×1 k等，测量前根据被测电阻值，调整多用表的选择开关，选择适当的量程，一般以电阻刻度的中间位置接近被测电阻值为宜。电阻值的读数在刻度线上顶端的第一条线。

（3）将表笔接在待测电阻两端，如图7.3.1所示，读出电阻的数值，并将其记录于表7.3.1中。

注意：测量时待测电阻应与别的元件和电源断开，手不要碰到表笔的金属触针，以保证人身安全和测量准确。

图 7.3.1 用多用表测电阻

表 7.3.1　电阻读数

实验序号	R/Ω
1	
2	
3	
平均值	

3. 测量直流电压

（1）将直流电源（6 V）、小灯泡（6.3 V、0.2 A）、滑动变阻器和开关用导线连接成一个电路，如图 7.3.2 所示。

（2）观察多用表指针是否在零刻度。若不在零刻度，则用螺丝刀转动机械调零旋钮，使指针停于左端零刻度。

（3）将多用表的选择开关旋至直流电压 10 V 挡（选择的挡位一定要大于电源的电压值）。将两表笔分别接触灯泡两端的接线柱，先让小灯泡正常发光，调节滑动变阻器，读出小灯泡两端的电压，并将其记录于表 7.3.2 中。

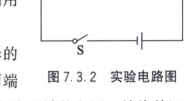

图 7.3.2　实验电路图

表 7.3.2　直流电压读数

实验序号	U/V
1	
2	
3	
平均值	

4. 测量直流电流

参照如图 7.3.2 所示的实验电路图，写出用多用表测量小灯泡工作时电流值的实验步骤，并完成相关操作。

5. 测量交流电压

（1）由于交流电源没有固定的正、负极，所以表笔不需要分正、负。

（2）将多用表的选择开关置于交流电压 250 V 挡，在老师的监督下，分别将两表笔插入电源插座的两个插孔，测量市电的交流电压，读出交流电压的数值，并将其记录于表 7.3.3 中。

表 7.3.3 交流电压读数

实验序号	U/V
1	
2	
3	
平均值	

注意：实验完成之后，将表笔从插孔拔出，并将选择开关旋到"OFF"位置或交流电压最高挡；若长期不用，应取出电池。

【交流与评价】

（1）用多用表测量电阻时应注意哪些方面？为什么测量电阻时要进行电阻调零？测量时可能导致误差的因素有哪些？

（2）与小组成员讨论，用多用表测量电压时，为什么要选择大于估测值的挡位？如果选择了较小的挡位，会产生什么后果？实验中怎样避免这种后果的产生？

（3）想一想，用多用表测量时，为什么要将红表笔接到电源正极的一端，黑表笔接到电源负极的一端？

生活·物理·社会

测谎仪和体脂秤的原理——测量人体的电阻

利用测谎仪可以测试人是否说谎。测谎仪是根据什么原理测试的呢？现代科学证实，人在说谎时生理上会发生一些变化，有一些肉眼可以观察到，如出现抓耳挠腮、腿脚抖动等一系列不自然的人体动作。还有一些生理变化是不易察觉的，如呼吸速率和血容量异常，出现呼吸抑制和屏息现象；脉搏加快、血压升高、血输出量增加及成分变化，导致面部、颈部皮肤明显苍白或发红；皮下汗腺分泌增加，导致皮肤出汗，手指和手掌出汗尤其明显；眼睛瞳孔放大；胃收缩，消化液分泌异常，导致嘴、舌、唇干燥；肌肉紧张、颤抖，导致说话结巴。这些生理变化由于受自主神经系统的支配，一般不受人的意识控制，而是自主地运动。这一切都逃不过测谎仪的"眼睛"。据测谎专家介绍，测谎一般从三个方面测定一个人的生理变化，即脉搏、呼吸和皮肤电阻（简称"皮电"）。其中，皮电最敏感，是测谎的主要根据，通常情况下就是它"出卖"了你心里的秘密。

如图 7.3.3 所示是测量脂肪百分比的体脂秤，也是通过将微弱的电流流过身体并测量电阻来估计一个人的脂肪百分比。一台普通的体脂秤有四个电极，当人站上去后，电极片会发出微弱的电流流过人的身体。这些电流会通过水分传导，人体内的非脂肪组织含水量高、电阻很低，而脂肪含水量低、电阻很高，所以电流主要会通过非脂肪组织。电抗则是通过体脂秤发出的 50 Hz 的高频电流穿透细胞膜，同时测得细胞内、外液体含水量，进而得出体内的总含水量。这两个值测出来后，体脂秤就会根据内置算法，结合你的身高、年龄、体重等数据，算出你的体脂率。

图 7.3.3 体脂秤

实践与练习

1. 请按照实验内容完成"用多用表测量电学中的物理量"的实验报告。

2. 查阅资料，了解一项自己感兴趣的多用表的其他功能，写一篇研究小报告，说明该项功能及使用方法，课堂上与同学们交流。

7.4 电功与电功率

人们制造出各种用电器,通过电流做功,把电能转化为其他形式的能。例如,电流可以使电炉丝发热,使电动机转动,使灯泡发光,还可以给蓄电池充电等。在各种用电过程中,怎样计算电流所做的功呢?有的灯泡上标有"220 V 40 W"字样,有的复印机上标有"220 V 1 200 kW"字样,这些数字和符号究竟代表什么含义呢?

额定电压 220 V
额定频率 50 Hz
额定电流 5 A
额定功率 1 200 W

7.4.1 电功

在导体两端加上电压,导体内就产生了电场,自由电荷在电场力的作用下定向移动,电场力对自由电荷做功。如果导体两端的电压为 U,通过导体任一横截面的电荷量 $q=It$,电场力所做的功 $W=qU$,那么电场力做的功也可以表示为

$$W=UIt \qquad (7.4.1)$$

在电路中,电场力所做的功通常称为电流做功,简称**电功**。式 (7.4.1) 表示,电流在一段电路上所做的功等于这段电路两端的电压 U、电路中的电流 I 和通电时间 t 三者的乘积。在国际单位制中,U、I、t 的单位分别是伏(V)、安(A)、秒(s),电功 W 的单位是焦(J)。

7.4.2 电功率

单位时间内电流所做的功,称为**电功率**,用 P 表示。根据功与功率的关系有 $P=\dfrac{W}{t}$,进而得到

$$P=UI \qquad (7.4.2)$$

式 (7.4.2) 表示,一段电路上的电功率 P 等于这段电路两端的电压 U 和电路中电流 I 的乘积。式中 U、I 的单位分别是伏(V)、安(A),功率 P 的单位是瓦(W)。

用电器上一般都标明了额定电压和额定功率。例如,标

有"220 V 40 W"的白炽灯泡，表明接在 220 V 的电源上，功率为 40 W。电压过高时，实际功率会大于额定功率，用电器有烧毁的危险；电压过低时，用电器不能正常工作，甚至难以启动。用电器的额定电压必须与电源的电压保持一致。

例 1

一个接在 220 V 电压的电路中的电炉，正常工作时通过的电流是 3 A，问：

(1) 电路的额定功率是多少？通电 2 h 消耗多少电能？

(2) 如果接在 110 V 的电路中，假定电炉中电阻丝的电阻不变，则电炉的实际功率是多少？

分析 额定功率等于电压与电流的乘积，消耗的电能等于电流做的功。接入不同电压时，电阻不变，根据欧姆定律，可求出实际电流。实际功率等于实际电压与实际电流的乘积。

解 (1) 电路的额定功率为

$$P = UI = 220 \times 3 \text{ W} = 660 \text{ W}$$

通电 2 h 消耗的电能为

$$W = UIt = 220 \times 3 \times 7\ 200 \text{ J} = 4.752 \times 10^6 \text{ J}$$

(2) 由欧姆定律得，电阻丝的电阻为

$$R = \frac{U}{I} = \frac{220}{3} \text{ Ω}$$

接入 110 V 的电路时，电路中的电流为

$$I_\text{实} = \frac{U_\text{实}}{R} = \frac{110}{\frac{220}{3}} \text{ A} = 1.5 \text{ A}$$

电炉的实际功率为

$$P_\text{实} = U_\text{实} I_\text{实} = 110 \times 1.5 \text{ W} = 165 \text{ W}$$

反思与拓展

用电器只有在额定电压下，电功率才会是额定功率。如果电压发生变化，实际功率也会发生变化。

7.4.3 电热功率

电场力对电荷做功的过程，是将电能转化为其他形式的

能量的过程。电流流过导体时，导体会发热，这种现象称为**电流的热效应**。电热水壶、电饭煲和电热水器等都是利用电流的热效应工作的。

英国物理学家焦耳通过实验指出，电流通过导体时产生的热量，跟电流的二次方、导体的电阻和通电时间的乘积成正比，这就是**焦耳定律**，其数学表达式为

$$Q = I^2 R t \qquad (7.4.3)$$

如果用电器是纯电阻（白炽灯、电炉等），电流所做的功将全部转换成热量，即 $Q=W$。如果用电器是非纯电阻（电动机、电风扇等），电流所做的功将部分转换成热量，即 $Q \neq W$。

单位时间内电流产生的热量，通常称为**电热功率**，表示为

$$P_Q = I^2 R \qquad (7.4.4)$$

> **活动**
>
> 探究电动机中电能的转化
>
> 在如图 7.4.1 所示的电路中，先固定电动机 M，不让它转动，通过测量电动机两端的电压和通过电动机的电流来计算电动机的电阻。然后让电动机转动，再次进行测量。比较电动机 M 在转动与不转动两种不同状态下的电热功率、电功率与机械功率。

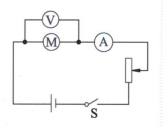

图 7.4.1 实验电路图

例2

加在内阻 $r=2\ \Omega$ 的电动机上的电压为 110 V，通过电动机的电流为 5 A。求：
(1) 电动机消耗的电功率 P；
(2) 电动机消耗的电热功率 P_Q；
(3) 电动机的效率 η。

分析 已知电压和电流，可根据 $P=UI$ 计算出电功率。根据 $P_Q=I^2r$ 可求出电热功率。电动机的效率为机械功率（有用功率）在总功率（电功率）中的占比。

解 (1) $\qquad P = UI = 110 \times 5 \text{ W} = 550 \text{ W}$

(2) $\qquad P_Q = I^2 r = 5^2 \times 2 \text{ W} = 50 \text{ W}$

(3) $\qquad \eta = \dfrac{P - P_Q}{P} \times 100\% = \dfrac{550 - 50}{550} \times 100\% \approx 91\%$

反思与拓展

我国的能源供给和消耗极不均衡，绝大多数能源供给集中在西部，而消耗集中在东部，一般利用高电压输送将西部的电送至东部。为什么要用高压输电呢？其主要原因是可以减小线路中的电流，从而减少输电线上的电能损耗。

拓展阅读

人工智能，让电网更"聪明"

随着电网的结构强化和智能化设施的引入，电网变得越来越稳定、可靠、智慧，我们有了更舒适、便捷的用电体验。

过去，电力系统的很多工作只能靠人力完成，如巡视维护、查找故障等。如今，在计算机、自动控制、人工智能等技术的帮助下，智慧电网能够自动感知、分析和控制电力系统的运行，用机器替代了部分人力。

智能电网可以实时自动感知电网运行状态、电量需求和供电质量，电网管理者能随时了解电网的"健康状况"。获得数据以后，电网就可以通过云计算对数据进行自动处理，分析规律、预测发展趋势，帮助电网管理者快速做出决策。

传统电力系统通常为单向服务模式，即供电方会按照预定的电力资源模式进行分配，为用户提供电力和服务。用户多数情况下是被动接受服务的一方，这种传统的服务模式容易导致供需不平衡，就会造成浪费或者缺电的情况。而智慧电网更像是一位"电管家"，它能自动进行电力资源分配，通过它那聪明的"大脑"和灵活的"手"，实时了解不同区域需要多少电力，用"心"做出相应的调整。例如，在用电高峰期，智慧电网会通过实时增加备用电力供给、跨区域电力支援来满足各区域用电需求；而在用电低谷期，则可以将多余电力采用抽水蓄能（在用电低谷时将富余电能抽水至上水库，在用电高峰期放水至下水库发电的蓄能技术）、电化学储能（把富余电能用化学电池储存起来，在需要时释放电能的一种储能技术）等方式储存起来，以备不时之需。

不仅如此，智慧电网还能对用电数据进行分析，从中找出用户的用电习惯，并针对性地提供科学用电建议；也能实时收集用户的意见和建议并进行自动分析，帮助供电公司及时做出改进，为用户提供更好、更优质的用电服务，真正做到"你用电，我用心"。

实践与练习

1. 了解3种常用家电铭牌的参数信息，估算耗电量，从节能环保角度讨论如何挑选用电器。

2. 日常使用的电功的单位是千瓦时（kW·h），俗称"度"。1 kW·h等于功率为1 kW的用电器在1 h内所消耗的电功。1 kW·h等于多少焦？一只标有"220 V 40 W"的电灯，每天使用5 h，30天用了多少度电？

3. 充电宝内部的主要部件是锂电池。在充电后，充电宝中的锂电池就相当于一个电源，可以给手机充电。充电宝的铭牌上通常标注的是"mA·h"（毫安时），即锂电池充满电后全部放电的电荷量。机场规定：严禁携带额定能量超过160 W·h的充电宝搭乘飞机。某同学查看了自己充电宝的铭牌，上面写着"10 000 mA·h"和"3.7 V"，你认为能否把它带上飞机？

4. 想一想，为什么学校不允许违规使用用电器？分析违规使用用电器的危害。

能量转化与能量守恒定律

现代生活中随处可见用电设备和用电器，如电灯、电视、电热水壶、电动汽车等。你知道这些用电器在正常工作过程中能量是怎样转化的吗？

7.5.1 电路中的能量转化

焦耳定律讨论了电路中电能完全转化为内能的情况，但是实际中有些电路除含有电阻外还含有其他负载，如电动机。

当电动机接上电源后，会带动风扇转动，从能量转化的角度看，电动机从电源获得能量，让风扇转动起来，电能转化为机械能，同时电动机外壳会发热，说明电动机将部分电能转化为内能。

同样，对于正在充电的电池，电能除了转化为化学能外，还有一部分转化为内能。

7.5.2 能量守恒定律

不同的物质有不同的运动形式，每种运动形式都有一种对应的能量，与机械运动对应的是机械能，与热运动对应的是热力学能（内能），与其他运动形式对应的还有电能、磁能、光能、核能、化学能等。

通过对机械运动的研究发现，物体的动能和势能可以互相转化，在一定的条件下，物体的机械能守恒。通过对其他运动形式的研究发现，其他形式的能也可以互相转化，如发电机可以将机械能转化为电能。

19世纪中叶，迈耶、焦耳和亥姆霍兹等科学家经过长期的实验探索，共同归纳出如下规律：能量既不会凭空产生，也不会凭空消失，它只能从一种形式转化为另一种形式，或者从一个物体转移到另一个物体，在转化和转移的过程中其总量保持不变。这就是**能量守恒定律**。该定律是自然界中具有普遍意义的定律之一，也是各种自然现象都遵循的普遍规律。

能量守恒定律的发现使人们进一步认识到：任何机器，只能使能量从一种形式转化为另一种形式，而不能无中生有地制造能量，因此永动机是不可能制造成功的。

7.5.3 能量的耗散

把刚煮好的热鸡蛋放在冷水中，过一会儿，鸡蛋的温度降低，水的温度升高。最后水和鸡蛋的温度相同。是否可能发生这样的现象：原来温度相同的水和鸡蛋，过一会儿，水的温度自发地降低，而鸡蛋的温度升高？答案是否定的。

研究发现，一切与热现象有关的宏观自然过程都是不可逆的。例如，假设达到相同温度的鸡蛋和水能自发地变成原来的温度，那么原来的过程就是可逆的。但事实上这个过程是不可逆的。虽然能量是守恒的，但是在自然界中，能量的转化过程有些是可以自然发生的，有些则不能。例如，电池中的化学能转化为电能，电能又通过灯泡转化为内能和光能，热和光被其他物质吸收之后变成周围环境的内能，我们很难把这些内能收集起来重新利用。这种现象称为**能量的耗散**。

能量的耗散表明，在能源的利用过程中，能量在数量上虽未减少，但在可利用的品质上降低了，从便于利用的能源变成了不便于利用的能源。这是能源危机的深层次含义，因此自然界的能量虽然守恒，但还是要节约能源。

7.5.4 能源与可持续发展

图 7.5.1 大气污染

能源是人类社会活动的物质基础。然而，煤炭和石油资源是有限的。此外，大量煤炭和石油产品在燃烧时产生的气体改变了大气的成分（图 7.5.1），甚至加剧了气候的变化。例如，石油和煤炭的燃烧增加了大气中二氧化碳的含量，由此加剧了温室效应，使得两极的冰雪融化，海平面上升。再如，石油和煤炭中常常含有硫，燃烧时形成的二氧化硫等物质使雨水的酸度升高，形成酸雨，腐蚀建筑物，酸化土壤。内燃机工作时的高温使空气和燃料中的多种物质发生化学反应，产生氮氧化物和碳氯化合物。这些化合物在大气中受到紫外线的照射，产生二次污染物质——光化学烟雾，这些物质有毒，会引起多种疾病。燃烧时产生的浮尘也是主要的污染物。

随着人口的迅速增长、经济的快速发展以及工业化程度的提高，能源短缺和过度使用化石能源带来的环境恶化已经成为关系到人类社会能否持续发展的大问题。人类的生存与发展需要能源，能源的开发与使用又会对环境造成影响。可持续发展的核心是追求发展与资源、环境的平衡：既满足当代人的需求，又不损害子孙后代的需求。这就需要树立新的能源安全观，并转变能源的供需模式。一方面要大力提倡节能，另一方面要发展可再生能源以及天然气、清洁煤和核能等在生产及消费过程中对生态环境的污染程度低的清洁能源，推动人与自然的和谐发展。

中国工程

田湾核电站

田湾核电站规划建设8台百万千瓦级压水堆核电机组，在8台机组建成后，装机总量超过900万千瓦，年发电能力超过700亿千瓦时。

2021年5月19日，田湾核电站7、8号机组开工建设。2023年5月19日田湾核电站7号机组穹顶球带吊装成功（图7.5.2），标志着该机组从土建施工阶段全面转入安装阶段。

图7.5.2 田湾核电站7号机组穹顶球带吊装

作为致力于构建人类命运共同体的全球核能合作典范,田湾核电站7、8号机组被寄予打造成核安全领域全球标杆的厚望,机组单机容量达126.5万千瓦,每台机组每年预估发电约100亿千瓦时。

目前,田湾核电站是全球在建加在运总装机容量最大的核电基地,6台机组累计安全发电超过3 700亿千瓦时,可供超过1亿户家庭使用1.5年。

田湾核电站7、8号机组建成后,装机总量超900万千瓦,每年可提供清洁电力超过700亿千瓦时,相当于每年减少二氧化碳排放5 740万吨,对构建清洁低碳、安全高效的现代能源体系,推动绿色低碳发展,实现碳达峰、碳中和战略目标具有重要作用。

 实践与练习

1. 生活中的许多用电器都可以看作能量转化器,它们把能量从一种形式转化为另一种形式。请观察你家中的各种用电器,分析它们在工作时进行了哪些能量转化。

2. 根据能量耗散的知识,分组讨论在生活中可以怎样节约能源,并在课堂上分享。

3. 查阅资料,研究能源消耗带来的温室效应、酸雨等环境问题,了解新能源的发展,完成调研报告。

7.6 学生实验：电表的改装

【实验目的】

（1）了解串、并联电路的基本特征。
（2）能够改装和校准电流表、电压表。

【实验仪器】

微安表（也称为"表头"）、电流表、电压表、滑动变阻器、电阻箱、定值电阻、直流电源、导线、开关等。

【实验方案】

1. 改装微安表为电流表

将微安表改装为大量程的电流表时，可并联一个分流电阻R，使大部分电流从R流过，而同时仍满足流经表头的满偏电流为I_g。设表头的内阻为R_g，改装后的电流表的量程为I（图7.6.1）。

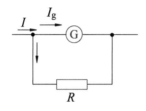

图7.6.1 微安表改装为电流表原理图

根据并联电路的电压特点，可得

$$I_g R_g = (I - I_g)R \qquad (7.6.1)$$

即

$$R = \frac{I_g R_g}{I - I_g} \qquad (7.6.2)$$

2. 改装微安表为电压表

将微安表改装为电压表时，可在微安表上串联一个分压电阻R，使大部分电压降落在R上，表头上承担的电压最大值仍然为$I_g R_g$。设改装后的电压表量程为U（图7.6.2）。

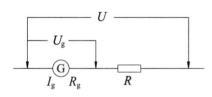

图7.6.2 微安表改装为电压表原理图

根据串联电路的电流特点，有

$$I_g = \frac{U - U_g}{R} \qquad (7.6.3)$$

即

$$R = \frac{U}{I_g} - R_g \qquad (7.6.4)$$

【实验步骤】

1. **用半偏法测表头的内阻**

按照图 7.6.3 连接好电路。闭合 S_1，断开 S_2，调节滑动变阻器 R，使微安表满偏。

保持 S_1 闭合，同时闭合 S_2，在保持 R 不变的前提下调节电阻箱 R' 的电阻，使微安表的指针达到半偏。记下此时电阻箱的阻值 R'，则 $R'=R_g$。

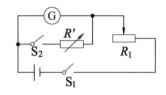

图 7.6.3 半偏法测内阻

2. **改装电流表**

(1) 改装微安表为 0.3 A 的电流表。

根据上一步测量出的内阻 R_g 和微安表的满偏电流 I_g，利用式（7.6.2）计算出分流电阻 R 的大小。将定值电阻 R 与微安表并联，改装成量程为 0.3 A 的电流表。

(2) 检验改装电流表的量程。

将改装的电流表和测量精度较高的标准电流表串联，并接入如图 7.6.4 所示的电路。调节滑动变阻器的阻值，使校准表显示 0.3 A，同时改装表应指向满刻度。如果改装表不是指向满刻度，则调整分流电阻 R 的值，直到改装表和标准表都显示 0.3 A 为止，记下此时分流电阻的值，这个值叫作分流电阻的实际值。至此，表头改装完成。

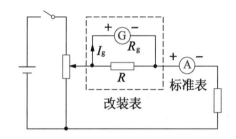

图 7.6.4 改装电流表校对量程

3. **改装电压表**

(1) 改装微安表为 6 V 的电压表。

根据测量出的内阻 R_g 和微安表的满偏电流 I_g，利用式（7.6.4）计算出分流电阻 R 的大小。将定值电阻 R 与微安表串联，改装成量程为 6 V 的电压表。

(2) 检验改装电压表的量程。

将改装电压表和测量精度较高的标准电压表并联，并接入如图 7.6.5 所示的电路。调节滑动变阻器的阻值，使校准表显示 6 V，同时改装表应指向满刻度。如果改装表不是指向满刻度，则调整分压电阻的值，直到改装表和标准表都显示 6 V 为止，记下此时分压电阻的值，这个值叫作分压电阻的实际值。

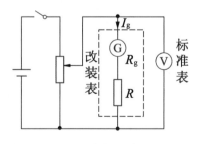

图 7.6.5 改装电压表校对量程

【数据记录与处理】

待改装微安表的内阻 $R_g=$ _____。

表 7.6.1 改装量程为 0.3 A 电流表的实验数据

原微安表量程 I_g/mA	改装后量程 I/A	分流电阻理论值/Ω	分流电阻实际值/Ω

表 7.6.2 改装量程为 6 V 电压表的实验数据

原微安表量程 I_g/mA	改装后量程 U/V	分压电阻理论值/Ω	分压电阻实际值/Ω

【交流与评价】

（1）校准电流表时，若标准表的指针满刻度而改装表达不到，应怎样调节分流电阻使两表同时满刻度？电压表呢？

（2）分析分流电阻（分压电阻）的理论值和实际值的关系，并分析原因。

实践与练习

1. 请参考本节内容完成"电表的改装"的实验报告。

2. 已知电流表的内阻 R_g 为 100 Ω，满偏电流 I_g 为 100 μA。要把它改装成量程为 15 mA 的电流表，应并联多大的电阻？要把它改装成量程为 15 V 的电压表，应串联多大的电阻？

3. 节日彩灯通常用串联方式连接，且用的是一种特殊灯泡。当某个灯泡上的电压增加时它将会被短路。试说明为何要这样设计，并解释为什么当一串灯泡中的多个灯泡烧毁后，可能会导致保险丝熔断。

小结与评价

内容梳理

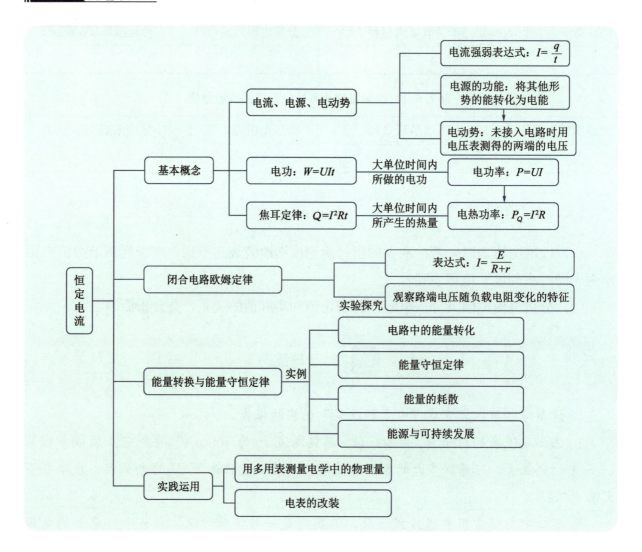

问题解决

1. 我们知道自由电荷的定向移动形成电流，但电子的速度是很慢的，约为 10^{-5} m/s，那么为什么开关一通，灯就亮了呢？

2. 电路不通是用电器常见的故障，利用多用表可以很方便地判断线路的通断。如果手头没有多用表，请你设计一种快速判断电路通断的装置。

3. "节能降碳，你我同行"——2023 年 7 月 10 日，第 33 个全国节能宣传周围绕节能降碳行动、绿色生活创建行动等多个活动，积极营造节能降碳浓厚氛围，加快促进经济社会发展全面绿色转型。既然能量不会凭空产生，也不会凭空消失，能量在转化和转移的过程中，其总量是保持不变的，那么我们为什么还要节约能源呢？

第 8 章
静磁场与磁性材料

　　磁流体是一种黑色液态的磁性材料，其在磁场的作用下改变形状和流动方向，在医疗、机械、电子等许多技术领域都有着广泛应用。

　　本章我们将共同学习磁场的描述方法，理解磁场对电流与运动电荷的作用规律，设计并制作简易直流电动机，了解常见磁介质和磁性材料的性质。

主要内容

◎ 磁场　磁感应强度
◎ 磁场对电流的作用　安培力
◎ 学生实验：制作简易直流电动机
◎ 磁场对运动电荷的作用　洛伦兹力
◎ 磁介质　磁性材料

8.1 磁场 磁感应强度

《吕氏春秋》中有"慈石召铁，或引之也"的记载，这表明我国在春秋战国时期已经探索出磁铁具有吸铁的性质。后人利用磁铁制作出的指南针被广泛运用于船舶导航，直接推动了欧洲的航海活动和地理大发现。而在1731年，一名英国商人发现雷电过后，他的一箱刀叉竟然如同磁铁一样具有磁性。那么，电与磁之间是否具有联系呢？

8.1.1 磁场

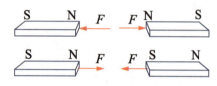

图 8.1.1 磁极间的相互作用

磁铁能够吸引铁、钴、镍等物质，并且当两个磁铁相互靠近时，它们会产生相互作用：同名磁极相互排斥，异名磁极相互吸引（图 8.1.1）。我们发现磁体间的作用力不仅当它们彼此接触时存在，而且在它们隔开一定距离时也存在。在之前的学习中我们已经知道，超越一定距离作用的电场力可以用电场进行描述，类似地，磁场力也可以用磁体周围的**磁场**来描述。

磁场存在于磁场力发生的空间中，用于描述磁场力的大小和方向。尽管磁场看不见，摸不着，但它与电场类似，都是不依赖于我们的感觉而客观存在的物质，并且也都是在与别的物体发生相互作用时表现出自己的特性。

8.1.2 磁力线

小磁针有两个磁极，它在磁场中静止后就会显示出这一点的磁场对小磁针 N 极和 S 极作用力的方向。物理学中把小磁针静止时 N 极所指的方向规定为该点磁场的方向。实验中我们常用铁屑的分布来反映磁场的分布。

> **活动**
>
> 模拟条形磁铁磁场的分布情况
>
> 将条形磁铁放置在水平玻璃板下方，在玻璃板上均匀地撒上细铁屑，轻轻敲击玻璃板，观察铁屑在磁场的作用下的排列情况。
>
> 用小磁针代替铁屑放置在条形磁铁周围任意一点，观察该点处磁场的方向。

当轻轻敲击玻璃板后，我们发现铁屑在磁场的作用下转动，并按一定规律排列（图 8.1.2），如图 8.1.3 所示则是用铁屑显示的条形磁铁磁场的空间分布情况。为了形象地描绘磁场，根据铁屑在磁场中的排列情况，在磁场中画一系列带箭头的曲线，使曲线上每一点的切线方向与该点的磁场方向一致，这些曲线就叫作**磁力线**。

图 8.1.2　铁屑显示条形磁铁磁场的平面分布情况

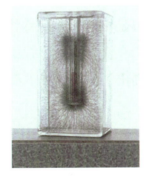

图 8.1.3　铁屑显示条形磁铁磁场的空间分布情况

条形磁铁和蹄形磁铁周围的磁力线分布如图 8.1.4 和图 8.1.5 所示。

磁力线是不相交的闭合曲线，磁体外部磁力线从 N 极出发到达 S 极；磁体内部磁力线从 S 极到 N 极。磁力线上任一点的切线方向就是该点的磁场方向。

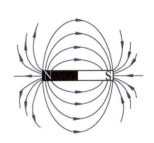

图 8.1.4　条形磁铁周围的磁力线

8.1.3　磁通量　磁感应强度

用小磁针可以判断空间某点磁场的方向，但很难对它进行进一步的定量分析。那我们该如何定量地描述磁场的强弱呢？

与用电场线的疏密表示电场强弱一样，用磁力线的疏密程度可以描述磁场的强弱。磁力线密集的地方表示磁场强，

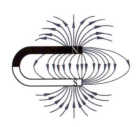

图 8.1.5　蹄形磁铁周围的磁力线

磁力线稀疏的地方表示磁场弱。如图 8.1.4 所示，条形磁铁两极附近的磁力线比较密集，磁场较强；条形磁铁周围的磁力线比较稀疏，磁场较弱。

为了定量地描述磁场的强弱，我们引入一个新的物理量：**磁通量**。如图 8.1.6 所示，在分布均匀的磁场中，一平面与磁力线方向垂直，我们把穿过该平面的磁力线的条数称为穿过这个平面的磁通量，用 $\varPhi$ 表示。磁场越强，磁力线越密，穿过单位面积的磁力线的条数就越多。

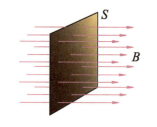

图 8.1.6　与磁力线方向垂直的平面

在国际单位制中，磁通量的单位是韦伯，简称韦（Wb）；面积的单位是平方米（m^2）。

前面我们用磁力线形象地描绘了磁场的性质，现在我们引入**磁感应强度**来表示磁场的大小和方向，用符号 B 表示，即

$$B = \frac{\varPhi}{S} \qquad (8.1.1)$$

式中，S 为与磁力线方向垂直的平面的面积，磁感应强度的单位是特斯拉，简称特（T）。

在实际情形中，磁场的强弱可以有很大的区别，表 8.1.1 中列出了一些磁场的磁感应强度的大小。

表 8.1.1　一些磁场的磁感应强度的大小

磁场名称	磁感应强度/T
人体器官内的磁场	$10^{-13} \sim 10^{-9}$
地球磁场在地面附近的平均值	5×10^{-5}
条形磁铁产生的磁场	约 10^{-2}
太阳黑子的磁场	$0.1 \sim 0.4$
中子星表面的磁场	约 10^8
原子核表面的磁场	约 10^{12}

我们定义了磁感应强度的大小，磁感应强度还有方向。前面所说的"磁场的方向"，即小磁针静止时 N 极的方向，指的就是磁感应强度的方向。

如果磁场中各点的磁感应强度的大小相等、方向相同，这个磁场就称为匀强磁场（图 8.1.7）。匀强磁场是一个理想化模型，现实世界中完全均匀的磁场是不存在的。

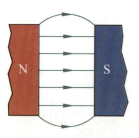

图 8.1.7　磁铁两极间的匀强磁场

8.1.4 电流的磁效应

磁场除了对磁体有力的作用以外，对通电导线是否有力的作用呢？

> **活动**
>
> ### 观察奥斯特实验现象
>
> 按图 8.1.8 所示搭建好实验装置，将一个小磁针以南北方向放置，连接好电路，把图示导线拿到小磁针上方。当有电流流过时，小磁针发生了什么变化？当电流方向改变时，小磁针的偏转情况如何？

图 8.1.8 奥斯特实验

我们发现把一根导线平行地放在小磁针的上方，导线通电后，小磁针就会发生偏转。早在 1820 年，丹麦物理学家奥斯特就发现了这个现象，并把这个现象命名为**电流的磁效应**。奥斯特由此得出结论：电流能够产生磁场（图 8.1.9）。这个发现首次揭示了电流与磁场的联系，此后电学和磁学不再是两个孤立的研究方向。

现在我们知道除了磁体能产生磁场外，电流也能产生磁场，如何判断电流周围磁力线的分布和方向呢？

图 8.1.9 奥斯特发现电流的磁效应

8.1.5 安培定则

与磁体的磁力线一样，电流周围的磁力线也有方向。让一根直导线垂直穿过一块水平硬纸板（图 8.1.10），将小磁针放置在水平硬纸板各处，接通电源，观察小磁针在各处的指向，并把小磁针 N 极的方向画在纸板上相应的位置。由此，可以对直线电流磁场的磁力线的分布和方向做出初步判断。

大量实验表明，通电直导线周围的磁力线是一圈圈的同心圆，这些同心圆都在与导线垂直的平面上。改变电流的方向，各点的磁场方向都变成相反的方向。直线电流的方向跟它的磁力线方向之间的关系可以用**安培定则**（又称右手螺旋定则）来判断：用右手握住导线，让伸直的拇指所指的方向

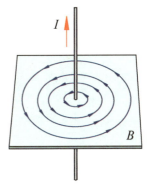

图 8.1.10 直线电流的磁力线分布

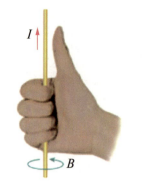

图 8.1.11 安培定则示意图

与电流方向一致,弯曲的四指所指的方向就是磁力线环绕的方向(图 8.1.11)。

通电螺线管和环形电流的磁力线分布分别如图 8.1.12 和图 8.1.13 所示。在初中,我们已经学会了判断通电螺线管的磁场方向。通电螺线管可以看作由许多匝环形电流串联而成。环形电流的磁场和通电螺线管的磁场都可以用另一种形式的安培定则判定:让右手弯曲的四指与环形电流(或通电螺线管)的方向一致,伸直的拇指所指的方向就是环形电流(或通电螺线管)轴线上磁场的方向(图 8.1.14、图 8.1.15)。

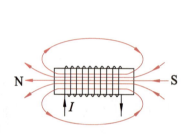
图 8.1.12 通电螺线管的磁力线分布

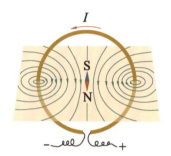
图 8.1.13 环形电流的磁力线分布

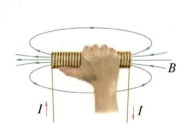
图 8.1.14 通电螺线管的磁场方向

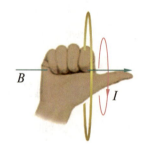
图 8.1.15 环形电流的磁场方向

通过观察图 8.1.4 和图 8.1.12,我们发现通电螺线管外部的磁场分布与条形磁铁类似。也就是说,在一些需要用到磁的装置中可以用通电螺线管来代替条形磁铁,我们将通电螺线管称为电磁铁。那么电磁铁有什么优点呢?我们可以通过改变电流的大小或线圈的匝数来改变磁场的大小,还可以通过改变电流的方向来改变电磁铁的磁极。

由于电流磁场的有无和强弱容易控制,因此电磁铁在实际生活中有很多重要应用,比如电磁起重机、电磁继电器、电话、发电机等,都离不开电磁铁的应用。

生活·物理·社会

电磁铁门锁

如图 8.1.16 所示是一个电磁铁门锁的原理图。它主要由带弹簧的铁质插销和螺线管构成。铁质插销将门锁住。开门时，按下开关，电流流过螺线管，螺线管具有磁性从而吸引铁质插销，门因此可以打开；断开开关后，螺线管内不再有电流流过从而失去磁性，铁质插销在弹簧的作用下回弹并将门锁上。这一原理也被用于工厂的操作阀或其他机器的远程遥控操作。

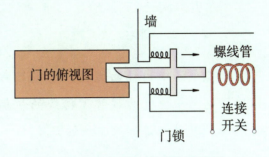

图 8.1.16 电磁铁门锁的原理图

实践与练习

1. 如图 8.1.17 所示，直导线 AB、螺线管 E、电磁铁 D 三者相距较远，其磁场互不影响，当开关 S 闭合后，小磁针的 N 极（黑色端）指示的磁场方向正确的是（　　）

A. a   B. b
C. c   D. d

2. 试根据图 8.1.18 中磁力线的方向确定图中各导线内的电流方向。

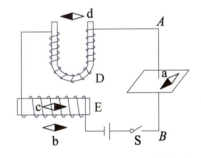

图 8.1.17 小磁针 N 极的指向

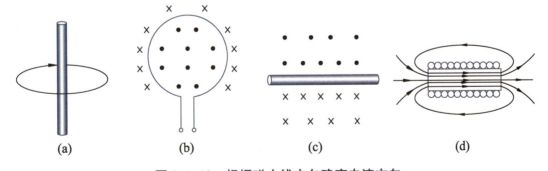

图 8.1.18 根据磁力线方向确定电流方向

3. 判断下列说法是否正确，并说明理由。

(1) 磁力线是磁体周围空间实际存在的曲线。

(2) 磁场看不见也摸不着，但是可以借助小磁针感知它的存在。

(3) 由于磁场弱处磁力线疏，所以两条磁力线之间没有磁场。

8.2 磁场对电流的作用 安培力

家庭生活中的抽油烟机、电风扇都是利用电动机来工作的。电动机使电力代替了传统的机械，推动了第二次工业革命。电动机是如何工作的呢？

8.2.1 磁场对电流的作用

电流具有磁效应，反过来，磁场也能对其中的通电导体产生力的作用。

活动

观察磁场对通电导体的作用

如图 8.2.1 所示，将 U 形磁铁安装在铁架台上，将两根细铁丝连入电路中，再借助细铁丝把一段长直导体水平悬挂在 U 形磁铁竖直方向的磁场中。闭合开关，当导体中通过电流时，会发生什么现象？

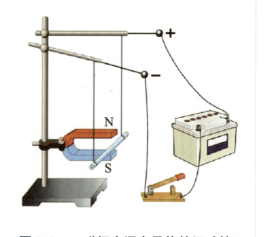

图 8.2.1 磁场中通电导体的运动情况

我们会看到通有电流的导体棒立即运动起来，这说明通电导体在磁场中受到力的作用。安培首先通过实验总结出这个力的特点。

8.2.2 安培力

通电导体在磁场中受到的力称为**安培力**。安培力的方向由哪些因素决定呢？

活动

探究安培力、磁场与电流三者方向之间的关系

利用如图 8.2.1 所示的实验装置，通过改变 U 形磁铁两极的位置来改变磁场方向，通过改变电源正负极连接情况来改变电流方向。观察通电直导体的运动方向，我们可以得到通电直导体受到的安培力的方向。观察过后，请和同学们交流并尝试总结出安培力的方向与磁场方向、电流方向的关系。

从上面的活动中我们发现，改变磁场的方向或者改变通电直导线中电流的方向，通电直导线的运动方向都会随之改变。这说明通电直导线受力的方向跟电流的方向、磁场的方向都有关。

这三个方向之间的关系遵从左手定则：伸出左手，使大拇指与四指在同一平面内且互相垂直，让磁力线垂直穿入手心，四指指向电流的方向，则大拇指所指的方向就是通电导线所受安培力的方向（图 8.2.2）。

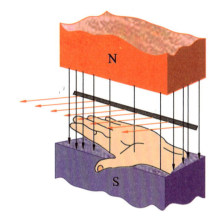

图 8.2.2　左手定则

研究发现：在匀强磁场中，当通电导线与磁场方向垂直时，安培力 F 最大，其大小跟磁感应强度 B、电流 I 和垂直于磁场方向的直导线的长度 L 都成正比，则安培力可表示为

$$F = BIL \qquad (8.2.1)$$

当导线的方向与磁感应强度 B 的方向平行时，导线受到的安培力为零。

在国际单位制中，式（8.2.1）中的 F、B、I、L 分别用牛（N）、特（T）、安（A）、米（m）作单位。

应当注意的是，一般情况下，当载流直导线与磁场方向的夹角为 θ 时，其所受安培力的大小为

$$F = BIL\sin\theta$$

例题

某工程小组计划在某城市架设直流高压输电线路。其中一段长为 20 m、沿东西方向的直导线，载有大小为 2.0×10^3 A、方向由东向西的电流。已知该城市地磁场的磁感应强度大小约为 3.4×10^{-5} T，且可视为南北方向的匀强磁场。地磁场对这段导线的作用力有多大？方向如何？

分析 首先，电流的方向和磁感应强度的方向不可能完全垂直，但根据题意，我们假设其完全垂直。其次，地磁场的磁感应强度其实是不均匀的，我们用它的近似平均值来计算，因此得到的是估算结果。电流方向由东向西，磁场方向由南向北，运用左手定则可判定安培力的方向。由于电流方向跟磁场方向垂直，安培力的大小可直接用 $F=BIL$ 进行计算。

解 由题意可知，$B=3.4\times 10^{-5}$ T，$L=20$ m，$I=2.0\times 10^3$ A；电流方向与磁场方向垂直。根据安培力计算公式可得

$$F=BIL=3.4\times 10^{-5}\times 2.0\times 10^3\times 20 \text{ N}=1.36 \text{ N}$$

按照左手定则，让磁力线垂直穿过手心（手心朝南），并使四指指向西，则拇指所指方向向下（竖直指向地面），这就是安培力的方向。

反思与拓展

由计算结果可知，地磁场对输电线的作用力很小，可忽略不计。但是信鸽可以灵敏地感受到地磁场对它的作用力，并利用该作用力感知判断方向。

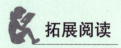 拓展阅读

磁电式仪表

利用通电线圈在磁场中发生偏转的现象制成的仪表称为磁电式仪表。这种仪表的构造如图 8.2.3 所示。

根据通电线圈在磁场中受到的作用力，可以测量出电流的大小。如图 8.2.4 所示，电流从线圈的一端流入，从另一端流出。此时，线圈的一边受到向下的力，另一边就会受到向上的力，从而产生一个使线圈转动的力矩。作用在线圈上的力矩的大小与线圈中的电流成正比。

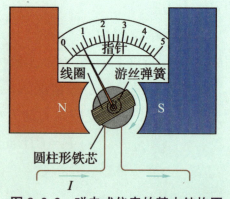

图 8.2.3 磁电式仪表的基本结构图

线圈转动时，游丝弹簧变形，抵抗线圈的转动。电流越大，安培力就越大，游丝弹簧的形变也就越大。所以，从线圈偏转的角度就能判断通过电流的大小。这就是磁电式仪表的工作原理。

蹄形磁铁的铁芯间的磁场是均匀分布的（图 8.2.5），无论线圈转到什么位置，线圈平面都跟磁力线平行，这样就能保证电流表表盘的刻度均匀。线圈中的电流方向改变，则安培力的方向改变，指针的偏转方向也相应地改变。所以，根据指针的偏转方向，就能判断被测电流的方向。磁电式仪表的优点是灵敏度高，可以测量很弱的电流。

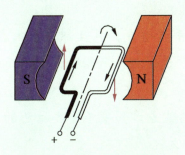
图 8.2.4　磁电式仪表通电线圈在安培力作用下转动

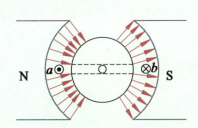
图 8.2.5　磁铁的径向磁场分布情况

中国工程

磁悬浮列车

2023 年 3 月 31 日，国内首套高温超导电动悬浮全要素试验系统在吉林长春完成首次悬浮运行。此次悬浮运行对超导磁体、直线同步牵引、感应供电及低温制冷等超导电动悬浮交通系统的关键核心技术进行了充分验证。本次悬浮运行试验的成功，标志着我国在高温超导电动悬浮领域实现重要技术突破，为推动超导电动悬浮交通系统工程化应用奠定了坚实基础。

高温超导电动悬浮交通系统由车辆、轨道、牵引供电系统、运行通信系统等构成，适用于高速、超高速和低真空管道等场景，未来时速可达 600 km，具有高速、安全、绿色、智能、舒适及环境适应性强等优点。

磁悬浮列车每节车厢下面的车轮旁边，都安装有小型超导磁体；在轨道旁边，埋设有一系列闭合的铝环（图 8.2.6）。当列车向前运行时，超导磁体具有强大的磁场，和地下的铝环相对运动，在铝环内产生强大电流。超导磁体（磁场）和铝环（电流）相互作用，产生一个巨大的斥力，托起列车。

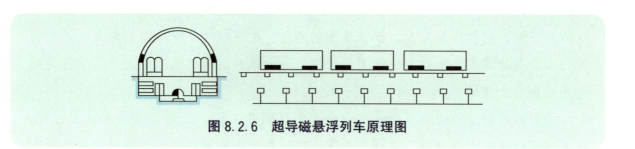

图 8.2.6 超导磁悬浮列车原理图

 实践与练习

1. 判断下列说法是否正确。

左手定则：伸出左手，使拇指与其余四个手指垂直，并且都与手掌在同一平面内，让磁力线从掌背进入，并使四指指向电流方向，这时拇指所指的方向就是通电导线在磁场中所受安培力的方向。

2. 某同学说："一小段通电导线放在空间的某点，如果不受安培力的作用，则该点的磁感应强度一定为零。"这种说法对吗？为什么？

3. 如图 8.2.7 所示，长为 60 cm、质量为 0.10 kg 的细长均匀金属棒，中间用弹簧挂起，放在磁感应强度为 0.40 T 的匀强磁场中，要使弹簧不伸长，金属棒中应通过多大的电流？方向如何？

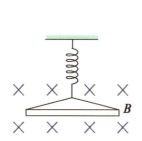

图 8.2.7 匀强磁场中的金属棒

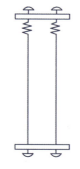

图 8.2.8 通入电流前并列的两根导线

4. 如图 8.2.8 所示，在架子上并排吊着两根导线（上端绕成弹簧状，以便它们在受力时改变形状），给它们通以方向相同的电流，会发生什么现象？给它们通以方向相反的电流，又会发生什么现象？怎样解释这些现象？

8.3 学生实验：制作简易直流电动机

【实验目的】

（1）学会利用身边的物品制作简易电动机。

（2）通过制作，加深对电动机工作原理的理解。

【实验器材】

如图 8.3.1 所示是可以制作简易电动机的实验装置。我们使用回形针代替导线并且同时作为线圈的支架。线圈是本实验的关键，为了保证电动机能够顺利运转，就需要用漆包线（直径为 0.5～1 mm）设计出合理的线圈。考虑到安全因素，实验电源电压不应太高，同时为实现线圈的旋转，电源电压也不应太低，所以可以选择 1.5 V 的干电池作为电源，

图 8.3.1 简易电动机

同时选用圆柱形的强磁铁进行制作。本实验需要用到的实验器材如表 8.3.1 所示，当然也可以用生活中同样功能的其他物品替代。

表 8.3.1 实验器材

序号	名称	规格型号	数量	单位
1	漆包线	直径 1 mm，长度约 1 m	1	匝
2	干电池	1.5 V	1	节
3	圆柱形强磁铁	直径 10 mm	10	个
4	回形针	—	2	枚

【实验步骤】

（1）将漆包线缠在圆柱形笔杆上，做成几匝圆线圈，两端留有线头。将其中一端线头的漆皮全部刮去，另一端只刮去一半。

（2）用 2 枚回形针做支架，分别与电池的正负极相连并且用胶带固定好，再将制作好的线圈放于支架上。

（3）将 5～6 个圆柱形磁铁吸在电池中间（线圈下方），轻轻旋转线圈，观察线圈旋转的情况。

【注意事项】

（1）线圈不转动，其原因通常有以下几个方面：

① 电路因引线端漆刮不干净出现接触不良，可在电路中串入一个发光二极管进行反接，防止接触不良导致电路中其他元器件损坏。

② 漆包线直径大且匝数多，造成引线与金属丝支架摩擦大，一般情况下线圈做成 3 cm×2 cm 的矩形或椭圆形即可，线圈匝数视漆包线直径大小自行调节，一般不超过 5 匝。

③ 漆包线引线部分漆刮去的比例大，造成电路几乎一直处于通路状态，通常情况下引线一端全刮，另一端刮去一半，且注意尽量做到刮漆交界面与线圈所在平面垂直。

（2）线圈有跳动现象或很快停止转动，其原因是忽略了线圈通电前的平衡性检测，即线圈在不通电的情况下可以自由地在水平方向上静止平衡而非竖直方向。制作时两根引线与线圈要在水平桌面上且使两根引线在同一条直线上，同时使引线基本通过线圈中心，使线圈在以引线为转轴时能够保证平衡转动。

【交流与评价】

（1）在制作简易电动机时，为什么需要将一端引线刮去一半，另一端全部刮去？若有同学将两端线头的漆皮都刮去，会发生什么现象？

（2）如果颠倒磁铁方向，制作的简易电动机的旋转方向有什么变化？

（3）你能否依据自己的想象，制作出不同的简易电动机？

实践与练习

1. 如图 8.3.2 所示，用漆包线、强磁铁、铁钉和干电池制作简易电动机，并且简述这个电动机的工作原理。如果想让简易电动机变为简易的电扇，应该怎样设计？

2. 有哪些因素会影响简易电动机的转速？请通过实验说明。

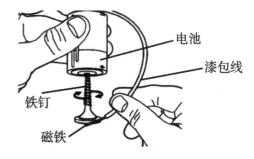

图 8.3.2 简易的铁钉电动机

磁场对运动电荷的作用 洛伦兹力

在之前的学习中，我们已经知道，磁场对通电导线有力的作用；我们还知道，带电粒子的定向移动形成了电流。那么，运动的电荷单独处在磁场中，是否也会受到力的作用？如果会，力的方向和大小又是怎样的呢？

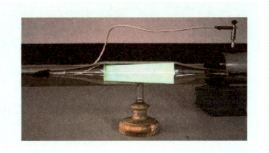

8.4.1 磁场对运动电荷的作用

 活动

观察电子束在磁场中的偏转

当没有磁场时，观察电子束的径迹是怎样的；当在电子束的路径上施加磁场时，电子束的径迹又是怎样的（图 8.4.1）；改变磁场方向，电子束的径迹会怎样。

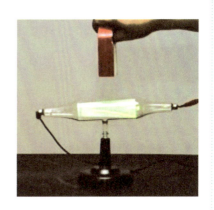

图 8.4.1 观察电子束在磁场中的偏转实验

通过实验可知，没有磁场时，电子束的径迹是一条直线；在电子束的路径上施加磁场时，其径迹发生了弯曲。改变磁场方向，其径迹会向相反方向弯曲。这表明运动的电荷在磁场中受到力的作用，这种力叫作**洛伦兹力**。**通电导线在磁场中受到的安培力，实际是洛伦兹力的宏观表现。**

利用如图 8.4.1 所示的实验装置，探究运动电荷所受洛伦兹力的方向，通过改变 U 形磁铁两极位置来改变磁场方向，通过改变电源正负极连接情况来改变电子束运动方向。

通过实验可以发现，洛伦兹力的方向与磁场方向和电荷的运动方向有关，且洛伦兹力的方向与磁场方向垂直，与电荷的运动方向也垂直。

类比安培力方向的判断，洛伦兹力方向的判断也可以用左手定则：伸出左手，使拇指与其余四个手指垂直，并且都与手掌在同一个平面内；让磁力线从掌心垂直进入，并使四指指向正电荷运动的方向，这时拇指所指的方向就是运动的正电荷在磁场中所受洛伦兹力的方向。在同一磁场中，负电荷的受力方向与正电荷的受力方向相反。

8.4.2 洛伦兹力的大小

我们已经知道，导线中电流的方向与磁场的方向垂直时，安培力的大小为 $F=BIL$。在这种情况下，导线中电荷定向运动的方向也与磁场的方向垂直。既然安培力是洛伦兹力的宏观表现，那么我们是否可以由安培力的表达式推导出洛伦兹力的表达式呢？

设静止导线中定向运动的带电粒子的速度均为 v，单位体积内的粒子数为 n，粒子的电荷量为 q，由此可以算出 q 与电流 I 的关系：$nq=It$。这段长为 vt 的导线所受的安培力 $F_\text{安}=IvtB=nqvB$。最后求出每个粒子所受的力 $\dfrac{F_\text{安}}{n}=qvB=F_\text{洛}$。

即电荷量为 q 的粒子以速度 v 运动时，如果速度方向与磁感应强度 B 的方向垂直，那么粒子受到的洛伦兹力为

$$F=qvB \quad (8.4.1)$$

式中，力 F、磁感应强度 B、电荷量 q、速度 v 的单位分别为牛（N）、特（T）、库（C）、米/秒（m/s）。

注意：一般情况下，当电荷的运动方向与磁场方向的夹角为 θ 时，电荷所受的洛伦兹力为 $F=qvB\sin\theta$。

例题

某处地磁场的方向水平且由南向北，大小为 1.2×10^{-4} T，现有一速度为 5×10^5 m/s、带电量为 $+2e$ 的粒子竖直向下飞入磁场，则磁场作用于粒子的力的大小为多少？粒子将向哪个方向偏转？

分析 带正电的粒子运动方向竖直向下（自上而下），磁场方向由南向北，运用左手定则可以判断洛伦兹力的方向。由于电荷运动方向与磁场方向垂直，洛伦兹力的大小可以直接通过 $F=qvB$ 进行计算。

解 由题意可得 $B=1.2\times10^{-4}$ T，$v=5\times10^5$ m/s，$q=2\times1.6\times10^{-19}$ C，电荷的运动方向与磁场方向垂直。根据洛伦兹力的计算公式可得

$$F=qvB=2\times1.6\times10^{-19}\times5\times10^5\times1.2\times10^{-4}\text{ N}=1.92\times10^{-17}\text{ N}$$

因磁场方向自南向北，正电荷的运动方向自上向下，运用左手定则，则粒子将向东偏转。

反思与拓展

在本题中，地磁场的磁感应强度实际上是不均匀的，我们用它的近似平均值来计算，所以得到的是估算结果。

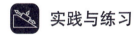 实践与练习

1. 判断正误。

伸出左手，使拇指与其余四个手指垂直，并且都与手掌在同一个平面内；让磁力线从掌心垂直进入，并使四指指向负电荷运动的方向，这时拇指所指的方向就是运动的负电荷在磁场中所受洛伦兹力的方向。

2. 下列关于洛伦兹力的说法正确的是（　　）

A. 运动的电荷在磁场中一定受到洛伦兹力的作用

B. 只要速度大小相同，所有运动电荷所受洛伦兹力都相同

C. 在匀强磁场中只受洛伦兹力的粒子，其速度一定不变

D. 速度相同的质子和电子，在同一匀强磁场中受到的洛伦兹力大小相等

3. 试判断如图 8.4.2 所示的带电粒子刚进入磁场时所受到的洛伦兹力的方向。

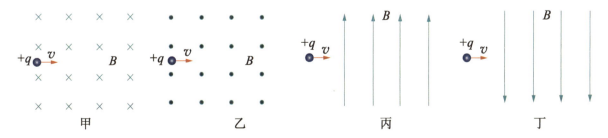

图 8.4.2 带电粒子进入磁场

4. 一种用等离子体（高温下电离的气体，含有大量正、负带电粒子）发电的装置如图8.4.3所示。平行金属板A、B之间有一个很强的磁场，将一束等离子体喷入磁场，A、B两板间便产生电压。如果把A、B和用电器连接，A、B就是一个直流电源的两个电极。试回答下列问题：

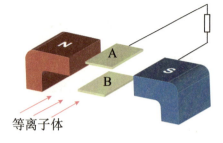

图8.4.3 利用等离子体发电的装置

（1）A、B板中哪一个是电源的正极？

（2）若A、B两板间的距离为d，板间的磁场可视为匀强磁场，磁感应强度为B，等离子体以速度v沿垂直于B的方向射入磁场，则这个发电机的电动势是多大？

8.5 磁介质 磁性材料

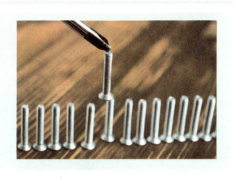

一把普通螺丝刀，在磁铁上摩擦后，就能吸引轻小铁钉，仿佛有了磁性。这是为什么呢？此时的螺丝刀是磁体吗？

8.5.1 磁介质

一类能够在磁场作用下，其内部状态发生变化，并反过来影响磁场存在或分布的物质，称为**磁介质**。磁介质在磁场作用下内部状态的变化叫作磁化。

对于磁介质来说，将它置于原本为 B_0 的外磁场中，外磁场会对磁介质有一个磁化的作用，在该作用下，磁介质就会产生一个附加的磁场 B'，从而导致磁介质中出现了一个新的磁感应强度 B，即

$$B = B_0 + B'$$

引入磁介质后的磁场 B 和原磁场 B_0 相比，是变得更强了还是更弱了？这里需要讨论物质的磁性。事实上，对于很多物质而言，置于磁场中被磁化之后体现出来的磁场，是有强有弱的。那么我们应如何描述磁介质的磁性强弱呢？

我们引入一个物理量——磁导率，它反映了磁介质磁性的强弱及对原磁场的影响程度。真空中的磁导率是一个常量，其大小为 $\mu_0 = 4\pi \times 10^{-7} \text{ N/A}^2$。

对于一般的磁介质而言，它放在磁场中体现出磁特性，其相对磁导率为

$$\mu_r = \frac{B}{B_0}$$

介质的磁导率为

$$\mu = \mu_0 \mu_r$$

按照磁化机制的不同，磁介质可分为顺磁质、抗磁质、铁磁质、反铁磁质和亚铁磁质五大类。

> **活动**
>
> 探究充磁、退磁后螺丝刀吸附能力的变化
>
> 利用充退磁器（图 8.5.1）对螺丝刀进行充磁（图 8.5.2）、退磁操作。观察充磁、退磁后，螺丝刀对小螺丝的吸附能力的变化。
>
>
>
> 图 8.5.1　充退磁器　　　　图 8.5.2　对螺丝刀进行充磁

8.5.2　磁性材料

通过前面的学习，我们已经知道，磁介质可以通过不同的方式发生磁化，根据磁化机制的不同，可以将磁介质分为多种类型。那么，磁介质在我们的日常生活中又发挥着什么样的作用呢？

由于磁介质是一类特殊的物质，它具有良好的磁性能，因此可以用于制作磁性记录材料、磁存储材料等。根据磁介质性质和用途的不同，可将其分为以下几种类型。

金属磁性材料：这类磁介质是由铁、镍、钴等元素组成的。其磁性能很强，被广泛应用于电机、发电机、变压器等磁场环境。这类磁介质还可用于制作磁碟、磁带等存储材料，具有速度快、容量大、可靠性高等优点。

氧化物磁性材料：这类磁介质是由氧化铁、氧化镁等金属氧化物组成的。其磁性能不如金属磁性材料，但具有较好的化学稳定性和耐热性，适用于高温环境，如声波传感器、磁存储材料等。

聚合物磁性材料：这类磁介质是由聚合物分子中掺杂磁性颗粒制成的。其磁性能较差，但具有轻便、柔软、易加工

等特点，适用于生产磁封、磁贴、磁带等。

仿生磁性材料：这类磁介质是通过仿生学的方法，模仿生物体内的磁性物质，如鸟类的磁颗粒和磁感受器等制成的。其磁性能较弱，但可以应用于医学、生物学等领域的研究。

根据磁化后是否容易失去磁性，又可以将磁性材料分为软磁性材料与硬磁性材料。磁化后易失去磁性的物质称为软磁性材料，磁化后难失去磁性的物质称为硬磁性材料。

磁性材料的应用领域十分广泛，主要包括以下几个方面。

电子与信息技术：磁性材料在电子器件中扮演着重要角色。例如，硬磁性材料常用于制造永久磁体和电机，软磁性材料则用于制造变压器、感应器和电感等元件。此外，磁记录材料也是硬盘驱动器和磁带等数据存储设备的关键组成部分。

磁性医学与生物技术：磁性材料在医学诊断治疗和生物技术领域有着广泛应用。例如，通过使用超顺磁性纳米粒子可以实现靶向药物输送、肿瘤治疗和基因传递。另外在磁共振成像（MRI）中也需要使用特殊的软磁性材料。

能源与环境工程：在能源转换与存储方面，某些稀土永久磁体被用作发电机的关键组件。此外，在可再生能源领域中，磁性材料被用于制造风力涡轮机和发电设备等；在环境工程中，磁性材料被用于废水处理、气体分离、污染物捕捉等。

交通运输与航空航天：磁性材料被广泛应用于交通运输和航空航天领域。例如，电动汽车、高速列车和飞机的电动驱动系统中都需要使用磁性材料。另外，地磁导航和飞行控制系统也离不开磁性材料的支持。

其他领域：除以上应用外，磁性材料还被应用于声音设备、音响技术、通信技术、传感器技术、自动化技术等多个领域。例如，扬声器和麦克风中使用的音圈就是一种常见的磁性元件。

总之，磁性材料在现代科学技术的各个领域都发挥着重要作用，为人类生活带来了许多便利和创新。

生活·物理·社会

时间长了，计算机硬盘的磁性为什么会消失？

计算机硬盘（图8.5.3）的磁性消失主要是由于消磁现象。消磁是指当磁化后的材料受到外来能量的影响，比如加热、冲击，其中的各磁畴的磁矩方向会变得不一致，磁性就会减弱甚至消失。硬盘盘面上的磁性颗粒沿磁道方向排列，不同的N/S极连接方向分别代表数据0和1。当硬盘受到瞬间强磁场的作用时，磁性颗粒就会沿场强方向一致排列，变成了清一色的0或1，失去了数据记录功能。因此，计算机硬盘由于使用时间过长，温度过高或过低，受到外界磁场的影响，磁介质老化、受损等原因，其磁性就有可能消失。

图8.5.3 计算机硬盘

此外，硬盘的寿命也与其使用频率和时长、环境、品牌和型号以及维护和保养等因素有关。因此，为了延长硬盘的寿命，保证磁性存储媒介上的数据安全，应该注意正确使用和保养硬盘，对磁介质进行定期的检测和维护，及时处理出现的异常，避免不必要的人为损坏。如果硬盘出现消磁或其他故障，可以尝试使用专业软件进行修复或更换新的硬盘。

实践与练习

1. 请查阅资料，试分析铁硅合金和铁银合金在磁性与应用方面各具有什么特点？

2. 试从磁性来源、工艺、原料、磁特性、经济性等方面，比较金属软磁性材料和铁氧体软磁性材料的特点，并指出其优缺点。

3. 有两根铁棒，外形完全相同，其中一根是磁体，另一根不是，你怎样由磁性材料间的相互作用来区分它们呢？

小结与评价

内容梳理

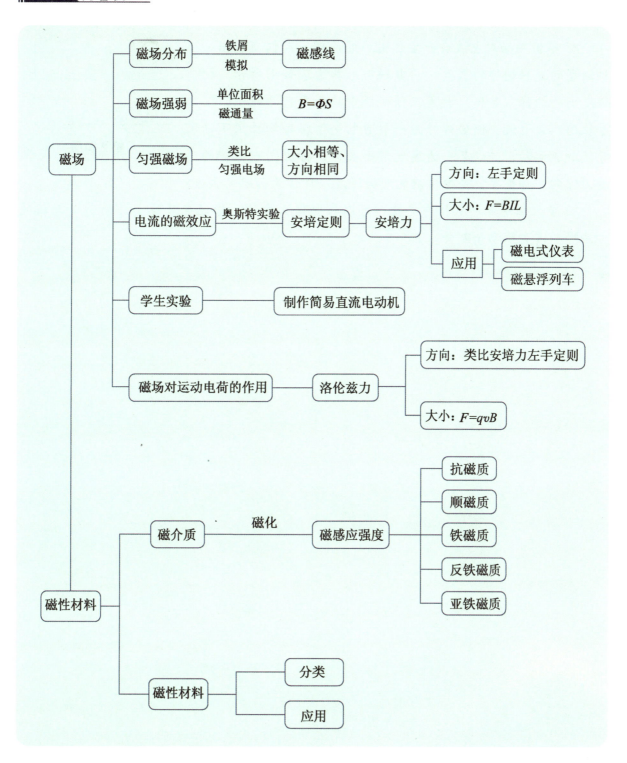

问题解决

1. 某同学做奥斯特实验时，把小磁针放在水平通电直导线的下方，通电后发现小磁针不动，稍微用手拨动一下小磁针，小磁针转动180°后静止不动，请同学们自己课后进行实验，寻找其中的原因。

2. 根据磁场对电流会产生作用力的原理，人们研制出一种新型的发射炮弹的装置——电磁炮，其原理如图所示。把待发射的炮弹（导体）放置在强磁场中的两平行导轨上，给导轨通以大电流，使炮弹作为一个通电导体在磁场作用下沿导轨加速运动，并以某一速度发射出去。试标出图中炮弹的受力方向。如果要提高电磁炮的发射速度，你认为可以怎么办？

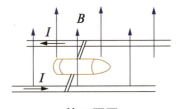

第2题图

3. 要让简易电动机转得更快，可以采取什么方法？你还会其他制作简易电动机的方法吗？请尝试动手制作。

第 9 章
电磁感应与电磁波

"中国天眼"(FAST)是我国自主设计和建造的大口径球面射电望远镜,能够"看到"遥远天体发出的特定电磁波,帮助我们探索宇宙。

本章我们将进一步学习电与磁之间的关系,理解电磁感应现象,总结具体规律,并了解其在技术层面的具体应用;我们还将学习伴随电磁作用产生的电磁振荡与电磁波,了解电磁波的发射与接收机制。

主要内容

◎ 电磁感应现象
◎ 法拉第电磁感应定律
◎ 互感与自感
◎ 电磁场与电磁波
◎ 电磁波的发射和接收

9.1 电磁感应现象

在机场、车站和重要活动场所都设有安检处，有的是用安检门来探测人随身携带的金属物品，有的是用手持式探测仪。你知道安检门、探测仪的工作原理吗？

9.1.1 感应电流的产生

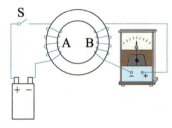

图 9.1.1 法拉第实验示意图

奥斯特实验发现，电流能够产生磁场。反过来，磁场是否能产生电流呢？1831 年，物理学家法拉第把线圈 A 通过开关 S 与电源连接，线圈 B 接入电流计（图 9.1.1），并将线圈 A 和线圈 B 绕在同一个铁芯上。他发现，在线圈 A 通电或断电的瞬间，线圈 B 中都有电流产生；一旦线圈 A 中的电流达到稳定状态，线圈 B 中的电流就消失了。这种现象称为**电磁感应现象**，所产生的电流称为**感应电流**。

感应电流产生的原因是什么？让我们通过三个实验来进行探究。

活动

探究电磁感应规律

如图 9.1.2 所示，将螺线管 B 与电流表相连，将螺线管 A 与开关和滑动变阻器串联后接到电源上，将 A 置于 B 的内部。在开关闭合瞬间、闭合状态和断开瞬间，分别观察电流表的指针是否摆动。在开关闭合状态下，移动滑动变阻器的滑片，观察电流表的指针是否摆动。

如图 9.1.3 所示，把螺线管与电流表相连组成闭合电路，将条形磁铁插入螺线管，保持不动，然后从中取出，观察电流表指针的摆动情况。

如图9.1.4所示，把导体 AB 与电流表相连组成闭合电路，使导体沿不同的方向运动，观察电流表的指针是否摆动。

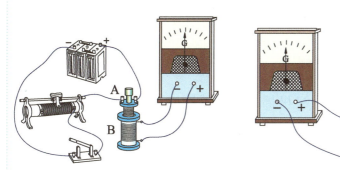
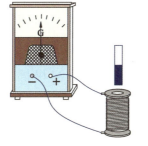
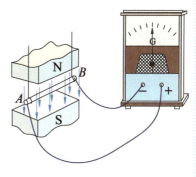

图9.1.2　电磁感应实验一　　图9.1.3　电磁感应实验二　　图9.1.4　电磁感应实验三

实验一与法拉第最初发现电磁感应现象时的实验装置原理一致。从实验现象我们可以猜想，电路中产生感应电流的原因可能是：闭合电路中通过的磁感应强度发生了变化。

实验二表明，当螺线管与磁铁发生相对运动时，闭合电路中产生感应电流。产生的原因同样可能是闭合电路中通过的磁感应强度发生了变化。这时，是不是就可以说，产生电磁感应的条件就是它呢？

实验三表明，当闭合电路的一部分导体在磁场中做切割磁力线运动时，电路中就会产生感应电流。这时，磁场的磁感应强度虽然没有发生变化，但是部分导体在磁场中运动，导致通过闭合电路的磁通量发生了变化。

综合以上三个实验的现象，可以看出通过闭合电路的磁感应强度或闭合电路在磁场中的面积发生了变化，导致穿过闭合电路的磁通量发生变化，进而产生了感应电流。因此归纳推理出：**只要穿过闭合电路的磁通量发生变化，闭合电路中就会产生感应电流。**

9.1.2　感应电流的方向　楞次定律

在上述电磁感应实验中，我们看到在不同的情况下，感应电流的方向是不同的。

闭合电路中一部分导体做切割磁力线运动时，电路中产生的感应电流的方向可用右手定则确定：伸出右手，使拇指

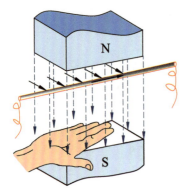

图 9.1.5 右手定则

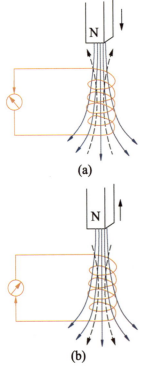

图 9.1.6 磁铁插入或抽出闭合线圈时感应电流的方向

与其余四指垂直，且都与手掌在同一平面内，让磁力线垂直穿入手心，拇指指向导线的运动方向，则四指所指的方向就是导线中感应电流的方向（图 9.1.5）。

右手定则仅适用于匀强磁场中导体切割磁力线时判断感应电流的方向。下面研究普遍情况下判断感应电流方向的方法。

当把磁铁的 N 极插入闭合线圈时，穿过线圈的磁通量从无到有，不断增加。实验发现，此时感应电流的方向如图 9.1.6（a）所示。根据安培定则可以知道感应电流产生的磁场方向（用虚线表示）与线圈中磁铁产生的磁场方向（用实线表示）相反，这表明感应电流产生的磁场是阻碍线圈中磁通量的增加的。

当把磁铁的 N 极抽出闭合线圈时，穿过线圈的磁通量从有到无，不断减少。实验发现，此时感应电流的方向如图 9.1.6（b）所示。根据安培定则可以知道感应电流产生的磁场方向与线圈中磁铁产生的磁场方向相同，这表明感应电流产生的磁场是阻碍线圈中磁通量的减少的。

物理学家楞次概括了有关电磁感应现象的实验结果后，得出如下结论：闭合电路中产生的感应电流的方向，总是使它的磁场阻碍引起感应电流的磁通量的变化。这就是**楞次定律**。

楞次定律是一个具有普遍意义的定律，它可以用来判断各种电磁感应现象中感应电流的方向。

例题

如图 9.1.7 所示，abcd 是一个金属框架，cd 是可动边，框架平面与磁场方向垂直。当 cd 边向右滑动时，请用楞次定律确定 cd 中感应电流的方向。

分析 用楞次定律确定感应电流的方向，有以下几个步骤：确定回路中原来的磁场方向——确定穿过线圈的磁通量是增加还是减少——根据楞次定律确定感应电流的磁场方向——利用安培定则确定感应电流的方向。

图 9.1.7 金属导体在磁场中运动

解 当 cd 边在框架上向右做切割磁力线的运动时,用右手定则可以确定感应电流的方向是由 c 指向 d。同样,当 cd 边向右运动时,穿过 $abcd$ 回路的磁通量在增加,根据楞次定律,感应电流产生的磁场将阻碍磁通量的增加,所以它的方向与原磁场方向相反,即垂直纸面向外。根据安培定则可知,感应电流的方向仍是由 c 指向 d。

反思与拓展

由此可见,用楞次定律判定感应电流的方向和用右手定则判定的结果是一致的。在判定闭合电路中一部分导体切割磁力线而产生的感应电流的方向时,用右手定则比用楞次定律更方便。

9.1.3 电磁感应现象中的能量转换

从图 9.1.6 可以看出:当磁铁靠近线圈时,线圈靠近磁铁的一端出现与磁铁同性的磁极;当磁铁远离线圈时,线圈靠近磁铁的一端出现与磁铁异性的磁极。同性磁极相排斥,异性磁极相吸引,无论是磁铁靠近还是远离线圈,都必须克服它们之间的阻力做功。做功的结果是消耗了其他形式的能,在线圈中产生了感应电流,也就是获得了电能。如发电机发电时,线圈在外力带动下在磁场中转动,把机械能转化为电能。由此可见,在电磁感应现象中,不同形式的能量的相互转化符合能量守恒定律。

9.1.4 电磁感应在生产生活中的应用

除了电力的产生与传输,电磁感应在现代科技和工业中也有着极其广泛的应用。

安全检查时,有时会使用安检门,有时安检人员也会使用手持式金属探测设备,这些设备都利用了电磁感应的原理。探测设备首先产生高频交变电流通过线圈,电流又产生变化的磁场。该磁场能在金属物体内感应出电流,电流又产生磁场,反过来影响探测设备产生的磁场,进而导致探测设备发出警报声。

在许多电磁设备中常常有大块的金属(如发电机和变压器中的铁芯),当这些金属块处在变化的磁场中或相对于磁场运动时,内部会产生感应电流。如图 9.1.8 所示,因其产生的电

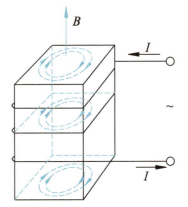

图 9.1.8 金属中产生的涡流和涡流冶金

流像水中的旋涡，所以这种感应电流又叫作涡电流，简称涡流。由于大块金属的电阻很小，因此涡流可以达到很大的强度。

涡流在金属内流动时，会转化为大量的热。工业上利用这种热效应，制成高频感应电炉来冶炼金属。例如，在坩埚的外缘缠绕线圈并接入大功率高频交变电源，线圈内产生很强的高频交变磁场，放在坩埚内的金属因电磁感应而产生涡流，释放出大量的热，从而熔化。

在现代家庭厨房用具中，电磁炉是利用电磁感应加热原理制成的电气烹饪器具。使用时，电磁炉的加热线圈中通入交变电流，线圈周围便产生交变磁场，交变磁场的磁力线大部分通过金属锅体，在锅底中产生大量涡流，从而产生烹饪所需的热（图9.1.9）。

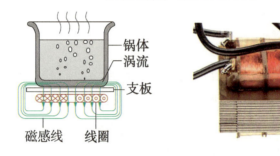 

图9.1.9　电磁炉的工作原理图　　图9.1.10　小型变压器和其铁芯中的硅钢片

涡流所产生的热在某些场合中是有害的。例如，在电机和变压器中，都采用了铁芯，当电机或变压器的线圈中通过交变电流时，铁芯中会产生很大的涡流，损耗了大量的能量（铁芯的涡流损耗），甚至可能会烧毁这些设备。为了减小涡流及能量损失，通常采用叠合起来的硅钢片代替整块铁芯（图9.1.10）。

 实践与练习

1. 关于电磁感应现象，下列说法正确的是（　　）

A. 导体切割磁力线就会产生感应电流

B. 导体中的磁通量发生变化就会产生感应电流

C. 感应电流的磁场方向总是与原来磁场的方向相反

D. 一个线圈中的磁通量变化得越快，其产生的感应电流就越大

2. 一线圈在匀强磁场中上下平移时［图9.1.11(a)］，线圈中能否产生感应电流？若线圈左右平移［图9.1.11(b)］，线圈中能否产生感应电流？线圈从匀强磁场中移出时，线圈中能否产生感应电流？为什么？

3. 如图9.1.12所示，闭合线框 ABCD 所在的平面与磁场方向平行。试问下列情况下线框中有无感应电流产生？为什么？

（1）线框沿磁场方向运动；

（2）线框垂直磁场方向运动；

（3）线框以 BC 边为轴向纸面外转动；

（4）线框以 CD 边为轴向纸面外转动。

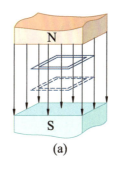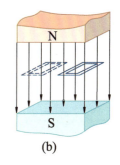

图9.1.11　线圈在匀强磁场中运动

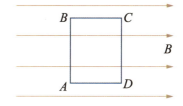

图9.1.12　闭合线框在磁场中运动

4. 如图9.1.13所示，把铜片悬挂在电磁铁的两极间形成一个摆，在电磁铁线圈未通电时，铜片可以自由摆动，且要经过较长时间才会停下来。电磁铁线圈通电之后，铜片将很快停下来，这个现象称为电磁阻尼。我国高铁列车的制动系统采用了多种制动方式，其中的电磁制动就是以该现象为原理的。

请你查阅资料，与同学们讨论电磁阻尼产生的原因，并写一篇科普小论文，介绍一下我国高铁列车制动系统的原理和电磁制动的优点。

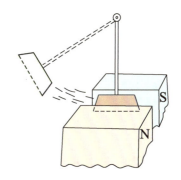

图9.1.13　电磁阻尼示意图

9.2 法拉第电磁感应定律

我国大型水电站发电机的输出电压可达 20 kV，而小型柴油发电机的输出电压通常为 220 V。你知道两种发电机的输出电压为什么会有这么大的差异吗？

9.2.1 感应电动势的大小

电磁感应现象中，闭合电路中产生了感应电流，说明这个电路中必定有产生感应电流的电动势存在。这个电动势叫作**感应电动势**。感应电动势的方向和感应电流的方向相同，可用右手定则或楞次定律来判定。那么，其大小与哪些因素有关呢？

活动

探究影响发电机的输出电压大小的因素

将手摇式发电机接上小灯泡，转动发电机手柄，观察在不同的转动速度下，小灯泡的发光情况。结合电磁感应现象的知识，猜想发电机产生的电压可能和什么有关。

图 9.2.1 教学用手摇式发电机

实验表明，穿过线圈的磁通量变化得越快，产生的感应电动势就越大。感应电动势的大小与磁通量变化的快慢有关。磁通量变化的快慢可用磁通量的变化量 $\Delta\Phi$ 与发生这个变化所用时间 Δt 的比值 $\dfrac{\Delta\Phi}{\Delta t}$ 来表示，这个比值叫作**磁通量的变化率**。

法拉第从实验中精确测出：单匝线圈中感应电动势的大

小与穿过线圈的磁通量的变化率成正比，即

$$E = k \frac{\Delta \Phi}{\Delta t} \qquad (9.2.1)$$

这就是**法拉第电磁感应定律**。式中，k 为比例常数，其值取决于式中各量的单位。当 E、$\Delta \Phi$、Δt 的单位分别为伏（V）、韦（Wb）、秒（s）时 $k=1$。

为了获得较大的感应电动势，常采用多匝线圈。如果线圈的匝数为 n，穿过每匝线圈的磁通量的变化率都相同，那么线圈中的感应电动势就是单匝线圈感应电动势的 n 倍，即

$$E = n \frac{\Delta \Phi}{\Delta t} \qquad (9.2.2)$$

例题

如图 9.2.1 所示，手摇式发电机的磁场近似为匀强磁场，磁感应强度 $B = 0.5\,\text{T}$，线圈的面积为 $0.003\,\text{m}^2$，线圈的匝数为 200 匝。转动发电机手柄，在 0.1 s 内，线圈平面从平行于磁力线的方向转过了 90°，转到与磁力线垂直的位置。求线圈中感应电动势的平均值。

分析 在线圈转动的过程中穿过线圈的磁通量的变化是不均匀的，所以不同时刻，感应电动势的大小也不相等，只能根据穿过线圈的磁通量的平均变化率来求得感应电动势的平均值。

解 线圈转过 90°，穿过它的磁通量从 0 变为

$$\Phi = BS = 0.5 \times 0.003\,\text{Wb} = 0.001\,5\,\text{Wb}$$

所用时间为 0.1 s，线圈为 200 匝，根据法拉第电磁感应定律，线圈中的感应电动势的平均值为

$$\overline{E} = n \frac{\Delta \Phi}{\Delta t} = 200 \times \frac{0.001\,5}{0.1}\,\text{V} = 3\,\text{V}$$

反思与拓展

线圈在转动的过程中，其磁通量的大小不仅有从小到大的变化，也有从大到小的变化。比如，当线圈从平行于磁力线的位置转过 180° 之后，线圈内的磁通量从零变到最大后又变成了零。实验证明，这个过程中线圈中的磁通量的变化量不能看作是零。这时，简单地用磁通量的变化率来计算感应电动势的方法就不准确了。

9.2.2 导体切割磁力线运动时的感应电动势

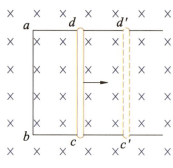

图 9.2.2 直导线 cd 切割磁力线

如图 9.2.2 所示，直导线切割磁力线的速度越大，穿过闭合电路所围面积的磁通量变化得越快，产生的感应电动势就越大。下面根据法拉第电磁感应定律来计算导线切割磁力线运动时的感应电动势。

设一导线长为 l，以速度 v 垂直于匀强磁场的方向向右做匀速运动，则导线在时间 Δt 内切割磁力线所引起磁通量的变化量为

$$\Delta \Phi = B \Delta S = B l v \Delta t$$

产生的感应电动势为

$$E = \frac{\Delta \Phi}{\Delta t} = Blv \qquad (9.2.3)$$

式（9.2.3）是导线切割磁力线运动时产生的感应电动势大小的公式，式中的 B、l、v 三者的方向相互垂直。

可以看出，导线切割磁力线运动产生感应电动势与磁通量发生变化产生感应电动势的原理是相同的，前者是后者的一个特例。

 生活·物理·社会

动圈式话筒

动圈式话筒的发明可以追溯到 20 世纪 30 年代，它是应用感应电动势的典型例子。这种话筒的结构如图 9.2.3 所示。话筒中有一个永磁体、一片与线圈连在一起的薄膜，该线圈可在磁场中自由移动。当声波进入话筒时，会引起话筒中薄膜的振

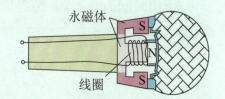

图 9.2.3 动圈式话筒的结构

动，使线圈在磁场中随之运动，线圈中的磁通量发生变化，从而在线圈的两端产生感应电动势。感应电动势的大小随着声波的改变而改变。通过这种方式，声波被转换成了电信号。动圈式话筒产生的感应电动势很低，通过放大电路将它增强，再通过扬声器就可以把声音还原并传播出去。

动圈式话筒无需直流工作电压，使用简便、构造相对简单、结构牢固，因此价格较低且耐用。同时，动圈式话筒噪声小、指向性好、频率特性良好、能承受极高

的声压，且几乎不受极端温度或湿度的影响，所以它在生活中的应用非常广泛，无论是专业领域还是日常生活，它都是一种非常重要的拾音设备。如在专业音乐制作、广播节目、电视节目中，由于其具有高质量的音频采集能力和良好的噪声抑制效果，因而成为音频录制领域的首选设备之一。无论是录制乐器演奏声、人声还是环境音效，动圈式话筒都能提供清晰、真实的声音，满足专业录制的需求。

实践与练习

1. 2017年5月5日，国产大飞机C919首飞成功。由于地磁场的存在，C919的机翼在飞行过程中会做切割磁力线的运动，从而在机翼两端产生感应电动势。已知C919飞机的翼展为35.8 m，水平飞行速度为230 m/s。求它在地磁场垂直分量为 3×10^{-5} T 的地区水平飞行时，两翼间产生的感应电动势的大小。

2. 三个匝数不同的线圈绕在同一个铁芯上，如图9.2.4所示。已知它们的匝数满足 $n_A > n_B > n_C$。

（1）开关S闭合后，调整滑动变阻器的阻值，当电路中的电流为如图所示的甲、乙、丙、丁四种情形时，在 $t_1 \sim t_2$ 时间内，线圈A在哪种情形下会产生感应电流？

（2）在开关S断开的瞬间，三个线圈中哪个产生的感应电动势最大？

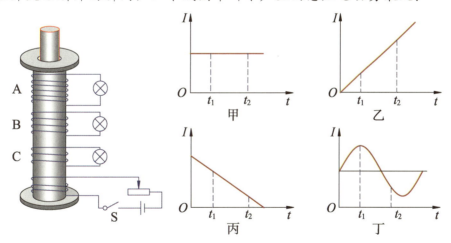

图9.2.4 匝数不同的线圈绕在同一个铁芯上

3. 在一个较长的铁钉上，用漆包线绕上两个线圈A和B，将线圈B的两端接在一起，并把CD段漆包线放在静止的自制指南针的上方（图9.2.5）。试判断用干电池给线圈A通电的瞬间指南针偏转的方向。动手做一做，看看你的判断与实验结果是否一致。

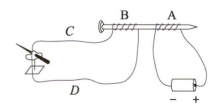

图9.2.5 判断指南针偏转的方向

4. 如图9.2.6所示，匀强磁场的方向垂直于纸面向内，磁感应强度为0.1 T。长为0.4 m的导线 AB 以 5 m/s 的速度在导电轨道 CD、EF 上匀速向右滑动，运动方向与导线 AB 垂直。问：

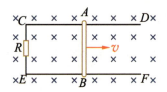

图9.2.6 导线在导电轨道上滑动

（1）A、B 两端哪一端的电势高？

（2）A、B 两端的感应电动势为多大？

（3）如果轨道 CD、EF 电阻很小，可以忽略不计，电阻 $R=0.5\ \Omega$，感应电流有多大？

9.3 互感与自感

2018年5月，昌吉—古泉±1 100 kV高压直流输电工程首台换流变压器试制成功，单台输送容量高达607 500 kW，比此前的世界输送容量最高纪录高出20%。你知道变压器可以变换电压的原理是什么吗？

9.3.1 互感现象

在法拉第电磁感应现象的实验中，两个线圈之间并没有导线相连，当其中一个线圈中的电流变化时，邻近的另一个线圈中产生感应电动势的现象，叫作**互感**。利用互感现象可以把能量由一个线圈传递到另一个线圈，因此互感在电工技术和电子技术中有着广泛的应用。变压器、燃油汽车的点火线圈、无线充电器等都是利用互感原理制成的。

互感现象是一种常见的电磁感应现象，它不仅可以发生于绕在同一铁芯上的两个线圈之间，而且可以发生于任何两个相互靠近的电路之间。无线充电的原理就是利用两个设备之间发生的互感传输电能。如图9.3.1所示为手机正在进行无线充电。在电力工程和电子线路中，互感现象有时会影响电路的正常工作，这时要设法减小电路间的互感。

图9.3.1 无线充电

9.3.2 变压器

在实际生产生活中，为了满足各种负载的正常运行，常常需要改变电压。我国家庭供电的电压为220 V，而不同的用电设备通常需要的电压也不同，如机床的照明灯使用24 V或12 V安全电压，计算机内部的电子线路需要3 V、5 V、12 V电压，显像管的工作电压需要上万伏，远距离输电需要几十万伏的高压。如何满足不同的电压需求呢？变压器就是用来改变交流电压的一种设备，如图 9.3.2 所示为一小型变压器。

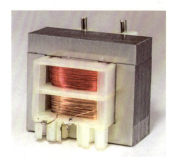
图 9.3.2 小型变压器

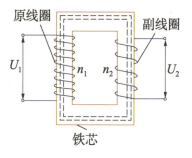
图 9.3.3 变压器原理的示意图

如图 9.3.3 所示是变压器原理的示意图。与电源连接的线圈叫作原线圈，与负载连接的线圈叫作副线圈。两个线圈都是用绝缘导线绕制而成的，铁芯由涂有绝缘漆的硅钢片叠合而成。

> **活动**
>
> ### 测量变压器各端子电压
>
> 如图 9.3.4 所示，把学生电源的 12 V 交流输出端分别接教学用变压器的主线圈 0、100 和 0、400 接线端。用多用表的交流挡分别测量它们之间的电压和副线圈 0、200 两端，0、800 两端，0、1400 两端的电压。看看它们数值之间的关系。
>
>
> 图 9.3.4 测量变压器电压的实验装置

设原、副线圈的匝数分别为 n_1 和 n_2，在原线圈上加上交变电压 U_1，原线圈中有交变电流通过，在铁芯中产生交变的磁通量，这个交变的磁通量穿过副线圈，从而在副线圈中产生感应电动势 U_2。

实验证明，变压器原、副线圈两端的电压与它们的匝数成正比，即

$$\frac{U_1}{U_2}=\frac{n_1}{n_2} \tag{9.3.1}$$

若 $n_2>n_1$，则 $U_2>U_1$，这种变压器叫作升压变压器；若

$n_2 < n_1$，则 $U_2 < U_1$，这种变压器叫作降压变压器。

还有一些变压器不是用来升压或降压的。某些变压器的原线圈与副线圈的匝数是相等的，因此输入电压和输出电压也是相等的，这类变压器称为隔离变压器，经常出于安全的考虑而被使用。它可以将电流中的直流分量与灵敏的电子设备隔离开来，以免电子设备被干扰和电击。这类电子设备包括计算机、记录仪、超声波和影像诊断等医疗仪器。隔离变压器也可用于减小电噪声。

在长距离电力输送过程中，采用低电流、高电压输电更为经济。高电压减小了输电线路中的电流，从而降低了线路电阻上损失的能量。图 9.3.5 为电能传输示意图，从发电站输出的电能通过升压变压器提高到很高的电压。当电能输送到用户所在地时，再用降压变压器将电压降至 220 V。

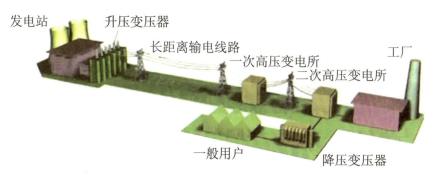

图 9.3.5　电能传输示意图

家用电器以及其他电子设备中也有变压器，可以将电压进一步调整到用电器所要求的电压。计算机、打印机以及可充电的玩具都安装了变压器。这些设备中的小型变压器可将 220 V 的家用电压降低到 3～26 V 的范围。

我国昌吉—古泉±1 100 kV 高压直流输电工程是目前全球电压等级最高、输送容量最大、输电距离最远的输电工程，升压变压器可将电源电压提升至 1 100 kV。

9.3.3　自感现象

在生产生活中，人们发现，当导体本身的电流发生变化引起自身产生的磁场变化时，会导致其自身产生电磁感应现象。

> **活动**
>
> ### 观察自感线圈对电路的影响
>
> 在如图9.3.6所示的实验中，闭合开关S，调节滑动变阻器R，使两个相同规格的灯泡A_1和A_2达到相同的亮度。再调节滑动变阻器R_1，使两个灯泡都正常发光，然后断开电路。当再次接通电路时，观察灯泡A_1、A_2的亮度是否正常。
>
> 在如图9.3.7所示的实验中，把灯泡A和带铁芯的线圈并联后接在直流电源上。闭合开关S，灯泡A正常发光。当断开开关S时，观察灯泡A的亮度有何变化。
>
>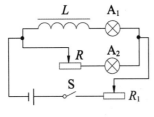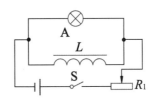
>
> 图9.3.6　自感实验1　　　图9.3.7　自感实验2

由实验1发现，再次接通电路后，灯泡A_1较慢达到正常的亮度。这是因为在电路接通的瞬间，通过线圈的电流增强，穿过线圈的磁通量也随之增加，线圈中产生了感应电动势。由楞次定律可知，线圈中产生的感应电动势要阻碍电流的增强，所以灯泡A_1较慢达到正常的亮度。

由实验2发现，断电后灯泡A并没有马上熄灭。这是因为在切断电路的瞬间，通过线圈的电流很快减小，穿过线圈的磁通量也很快减少，在线圈中产生了感应电动势。由楞次定律可知，线圈中产生的感应电动势要阻碍通过线圈的电流的减弱，又因为此时线圈和灯泡组成了闭合电路，电路中有感应电流通过，所以断电后灯泡并没有马上熄灭。

可以看出，当导体中的电流发生变化时，导体本身就会产生感应电动势，该感应电动势总是要阻碍导体中电流的变化。这种导体由于自身电流的变化而产生感应电动势的现象称为**自感现象**，简称**自感**。

导体的自感与其自身的特性有关。如线圈的匝数越多，自感越大；有铁芯的线圈的自感比没有铁芯的大。

在自感较大的电路中，断电时会产生很大的感应电动势，因此常会在断开处产生火花放电或弧光放电，这是十分有害的。在化工厂、炼油厂和煤矿中，为了防止事故的发生，切断电路前必须先减小电流，并采用特制的安全开关。防爆电器中常用的安全开关是将开关浸泡在绝缘性能良好的油中，以防止电弧的产生。

自感现象也有可以利用的一面，日光灯的镇流器、自耦变压器等都是利用自感原理制成的。常见的电感器如图9.3.8所示。

图9.3.8 常见的电感器

 生活·物理·社会

汽车点火线圈

在汽车发动机点火系统中，点火线圈（图9.3.9）是为点燃发动机汽缸内的空气和燃油混合物提供点火能量的执行部件，其主要基于互感的原理工作。与变压器的连续工作不同的是，点火线圈是间歇工作的，它会根据发动机的工作转速不同，以一定的频率反复地进行储、放电能。

工作时，汽车电子控制器接收指令关断和打开点火线圈的初级回路，通过改变原线圈绕组的电流在铁芯中产生变化的磁场。当原线圈绕组电流突然被切断时，副线圈绕组产生感应电动势。点火线圈的原线圈与副线圈的匝数比较大，能将蓄电池10～14 V的低电压转换为30 kV甚至更高的电压，按发动机的点火顺序，将该感应电动势依次送至各缸的火花塞，使火花塞放电，点燃混合物，推动发动机运转。

图9.3.9 汽车点火线圈示意图

汽车点火线圈的发明是一个具有创新性的过程，为汽车工业的发展做出了重要贡献。点火线圈作为一套完整的汽车电气系统的重要部分。点火线圈可以将电池发出的低电压电流进行再次增压，转换为高电压电流，从而有效地点燃发动机内的混合物。其充电时间由电瓶电压和发动机转速控制，确保每个汽缸内的混合物在最佳的时间和温度下被点燃，从而减少发动机抖动和熄火等问题，提高发动机的稳定性和可靠性。

实践与练习

1. 一般的机床照明使用的是36 V的安全电压，这个电压是将220 V的交变电压利用变压器降压后得到的。如果该变压器的原线圈是1 140匝，那么副线圈应是多少匝？

2. 如图 9.3.10 所示是一个钳形电流表。利用它可以在不切断导线的情况下测得导线中的交变电流。请你猜想一下该仪器的工作原理，并上网收集相关的资料，看看你的猜想是否正确。

图 9.3.10　钳形电流表的工作示意图

图 9.3.11　电阻双绕法示意图

3. 制造精密电阻时要用双绕法（图 9.3.11），这样就可以使自感现象的影响减弱到可以忽略的程度。这是什么原理？

4. 如图 9.3.12 所示是一种延时继电器及其原理示意图。铁芯上有两个线圈 A 和 B。线圈 A 跟电源连接，线圈 B 两端连在一起，构成一个闭合电路。断开开关 S 时，弹簧 K 并不会立刻将衔铁 D 拉起而使触头 C（连接工作电路）断开，而是过一小段时间后才执行这个动作。延时继电器就是因此而得名的。

（1）当开关 S 断开后，为什么电磁铁还会继续吸住衔铁一小段时间？

（2）如果线圈 B 不闭合，是否会对延时效果产生影响？为什么？

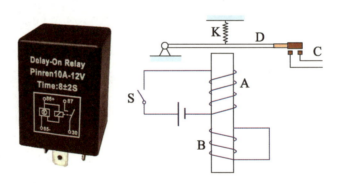

图 9.3.12　延时继电器及其原理示意图

9.4 电磁场与电磁波

使用手机，便能与远方的亲友通话；打开电视，便能看到千里之外体育比赛的实况直播。是谁跨越千山万水，将这些声音、图像信号送到我们的面前？这位神奇的"使者"就是电磁波。电视、无线电广播、手机通信等都离不开电磁波。你知道电磁波是怎样产生的吗？

9.4.1 电磁互"生"

19 世纪 60 年代，物理学家麦克斯韦对电磁现象做了深入的思考：既然法拉第电磁感应定律指出，在变化的磁场中放入一个闭合电路，电路中会产生感应电流，那么一定是在电路中产生了电场，促使导体中的自由电荷做定向运动。即使在变化的磁场中没有闭合电路，同样会在空间中产生电场。因此，麦克斯韦认为，电磁感应现象的实质是**变化的磁场产生了电场**。

麦克斯韦进一步想到：既然变化的磁场能产生电场，那么，变化的电场能产生磁场吗？于是他大胆地假设：变化的电场就像导线中的电流一样，会在空间中产生磁场，即变化的**电场产生了磁场**。

麦克斯韦的预言意味着变化的电场和磁场是相互联系的，形成一个不可分割的**电磁场**。例如，在一个电路中，只要有周期性变化的电场，就会在空间中产生周期性变化的磁场；这个变化的磁场又产生新的变化的电场。这种变化的电场和变化的磁场交替产生，由近及远地向周围传播，形成了**电磁波**（图 9.4.1）。电磁波的周期和频率分别等于激发电磁波的振荡电路的固有周期和固有频率。

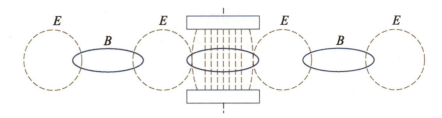

图 9.4.1 电磁波

麦克斯韦不仅预言了电磁波的存在，还推算出电磁波在真空中的传播速度等于光速，并得出结论：光本身（以及热辐射和其他形式的辐射）也是电磁波。麦克斯韦把表面上似乎毫不相干的光现象与电磁现象统一了起来，使人类进一步认识了光的本质。

9.4.2 赫兹的发现

在麦克斯韦预言电磁波的 20 多年以后，1888 年，物理学家赫兹通过实验捕捉到了电磁波，他还测定了电磁波的波长和频率，得到了电磁波的传播速度等于光速。

如图 9.4.2 所示为赫兹实验的示意图。仪器中有一对抛光的金属小球，两个小球之间有很小的空隙。将两个小球连接到产生高电压的感应圈的两端时，两个小球之间出现了火花放电。仪器的另一部分是弯成环状的导线，导线两端也安装了两个金属小球，小球之间也有空隙。当把这个导线环放在距感应圈不太远的位置时，赫兹观察到：当感应圈的两个小球间有火花出现时，导线环的两个小球间也有火花出现。

图 9.4.2 赫兹实验的示意图

这个实验说明，当与感应圈相连的两个金属小球间产生电火花时，周围空间出现了迅速变化的电磁场。这种变化的电磁场以电磁波的形式在空间中传播。当电磁波到达导线环时，在导线环中激发出了感应电动势，使得导线环上两个小球的空隙间也产生了火花，这说明这个导线环接收到了电磁波。

赫兹通过实验证实了麦克斯韦的电磁场理论。赫兹的实验为无线电技术的发展开拓了道路。后人为了纪念他，把频率的单位定为赫兹（Hz）。

9.4.3 电磁波的能量

赫兹通过实验证实了电磁波的存在，这意味着，电磁场不仅仅是一种描述方式，而且是真正的物质存在。

生活中常用微波炉来加热食物（图9.4.3）。食物中的水分子在微波的作用下做热运动，内能增加，温度升高。食物增加的能量是微波转移给它的。可见，电磁波具有能量。光也是一种电磁波，它具有能量。

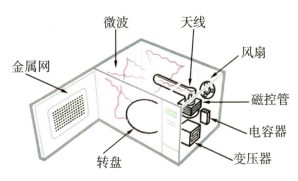

图 9.4.3　微波炉的结构

除了可见光外，虽然我们看不到其他电磁波，却能通过它们的能量感觉到它们的存在。播音员的声音为什么能从电台到达我们的收音机？因为电台发射的电磁波在收音机的天线里感应出了电流，有电流就有能量。

9.4.4 电磁波的传播

在一列水波中，凸起的最高处叫作波峰，凹陷的最低处叫作波谷。邻近的两个波峰（或波谷）之间的距离叫作波长，一般用 λ 表示，如图 9.4.4 所示。

在 1 s 内有多少次波峰（或波谷）通过，波的频率就是多少，一般用 f 表示频率。波不停地向远方传播，用来描述波传播快慢的物理量叫作波速，一般用 v 表示。波速、波长、频率三者之间的关系为

$$v=\lambda f$$

对于电磁波有同样的关系。光速是自然界中的一个重要常量，我们专门用符号 c 表示真空中的光速，用 λ 表示电磁波的波长，用 f 表示它的频率，那么电磁波的波速 c 与 λ、f 的关系是

$$c=\lambda f$$

信息快递

根据电磁场理论，电磁波发射和传播的过程就是能量传播的过程。能量是电磁场具有物质性的最有说服力的证据之一。

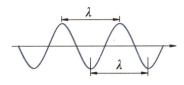

图 9.4.4　波的图示

电磁波在真空中的传播速度为 $c=2.997\ 924\ 58\times10^8$ m/s，通常取 3×10^8 m/s。电磁波在空气中的传播速度很接近它在真空中的传播速度，而在其他介质如玻璃或水中要慢一些。

9.4.5 电磁波谱

电磁波的频率范围很广。无线电波、红外线、可见光、紫外线、X 射线、γ 射线等都是电磁波。按照电磁波的波长或频率大小的顺序把它们排列起来，就是**电磁波谱**。

不同电磁波由于具有不同的波长（或频率），因此具有不同的特性。利用这些特性，电磁波在生产生活中有广泛的应用（图 9.4.5）。

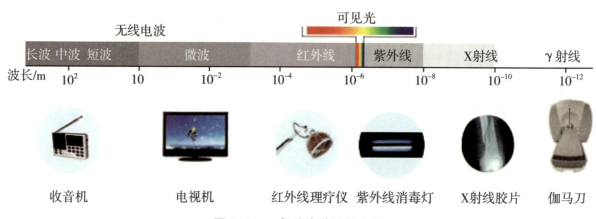

图 9.4.5　电磁波谱及其应用

> 可见光

能引起视觉的光，叫作可见光。可见光只是整个电磁波谱中的一小部分。白光经过三棱镜折射后形成的红、橙、黄、绿、蓝、靛、紫七色光带称为可见光谱，如图 9.4.7 所示。光的颜色是由它的频率决定的。

波长比红光长的电磁波称为红外线，其波长范围通常在 0.001～1 mm 之间。波长比紫光短的电磁波称为紫外线，其波长范围通常在 10～400 nm 之间。

> 无线电波

无线电技术中应用的电磁波叫作无线电波，波长从 1 mm 到 3 000 m 及以上不等。根据波长的不同，通常把无线电波划分为许多波段。无线电波中的长波、中波、短波可以用于广播及其他信号的传输，微波可以用于卫星通信、电视等的信号传输。不同波段无线电波的主要用途见表 9.4.1。

表 9.4.1 不同波段无线电波的主要用途

波段		波长	频率	主要用途
长波		3 000 m 以上	低于 100 kHz	超远程无线电通信、导航
中波		200～3 000 m	100～1 500 kHz	调幅（AM）无线电广播、电报、通信
中短波		50～200 m	1 500 kHz～6 MHz	
短波		10～50 m	6～30 MHz	
微波	米波	1～10 m	30～300 MHz	调频（FM）无线电广播、电报、通信
	分米波、厘米波、毫米波	0.001～1 m	300～300 000 MHz	电视、雷达、导航

▶ X 射线和 γ 射线

比紫外线频率更高的电磁波，还有 X 射线。1895 年，物理学家伦琴发现，高速电子流射到某些固体表面上时，就有一种当时未知的射线从该表面发射出来，人们把它叫作 X 射线。为了纪念 X 射线的发现者，人们又把这种射线叫作伦琴射线。

X 射线穿透物质的本领很大，能使照相底片感光，激发许多物质发出荧光，对细胞有强烈的破坏作用。

X 射线在医疗和工业上有着广泛的应用，可利用 X 射线做人体透视，或拍摄人体内部组织的照片。例如，X 射线断层扫描仪（简称 CT 扫描仪）能使医生看到人体内各内脏器官的横断面图像，从而准确诊断各种病症。在工业上利用 X 射线可以检查金属内部的伤痕、焊缝质量、金属铸造物的内部是否有气泡和缩孔等。

γ 射线是频率非常高的电磁波，它是来自原子核的放射性辐射。γ 射线可用来检测集装箱里的危险物品。在医学上，γ 射线也可用于治疗癌症。

中国工程

"中国天眼"——500 m 口径球面射电望远镜

宇宙中的天体产生电磁波谱中所有波段的电磁辐射。科学家利用指向恒星或其他天体的射电接收器（也称射电望远镜）接收宇宙中的电磁波，在过去几十年中，取得了丰富的天文研究成果。

在贵州省黔南市布依族苗族自治州平塘县境内的 500 m 口径球面射电望远镜（Five-hundred-meter Aperture Spherical radio Telescope，FAST）是我国自主研发的全球最大且最灵敏的射电望远镜，又称"中国天眼"（图 9.4.6）。该项目利用天然的喀斯特洼坑作为台址，洼坑内铺设数千块单元组成 500 m 球冠状主动反射面，采用主动反射面技术和索网支撑体系，实现望远镜接收机的高精度定位，大幅提

图 9.4.6　500 m 口径球面射电望远镜（FAST）

高了望远镜的天空覆盖范围，获得了世界领先的灵敏度，能够接收到更加微弱的射电信号，探测更加遥远的宇宙深空。

FAST 在天文物理学领域有着广泛的应用。它可以观测到来自宇宙深处的电磁波，这些电磁波可以提供关于宇宙的信息，如星系和恒星的形成、宇宙的演化等，帮助科学家们观测到更多的星系和恒星，深入了解宇宙的起源、演化和结构。此外，FAST 还可用于探测外星生命存在的可能性，帮助科学家们研究物质的基本性质和相互作用。

"中国天眼"已经在多个领域取得了重要的科研成果，为人类认识宇宙和自然界做出了重要的贡献。它在自主导航、太空天气预报等国家重大需求方面发挥着重要的应用价值，还在观测暗物质、暗能量和脉冲星，寻找地外文明等方面取得了一系列具有国际影响力的科学成果，如获得了截至 2022 年 1 月最大快速射电暴爆发事件样本；首次揭示了快速射电暴的完整能谱及其双峰结构；持续发现毫秒脉冲星；开展多波段合作观测，打开了研究脉冲星电磁辐射机制的新途径；等等。

 实践与练习

1. 当收音机调谐到 FM 刻度盘上的 100 时，它正在接收（　　）

A. 频率为 10^8 Hz 的声波

B. 波长大约等于地球的直径、频率为 100 Hz 的电磁波

C. 波长大约为 100 m、频率为 10^8 Hz 的电磁波

D. 波长大约为 3 m、频率为 10^8 Hz 的电磁波

2. 来自太阳的能量被你的皮肤吸收后，则（　　）

A. 以电磁能的形式留在皮肤里

B. 以辐射能的形式留在皮肤里

C. 转化成核能

D. 转化成热能

3. 已知手机单端天线的长度为载波波长的 1/4 时，天线中产生的感应电动势将达到最大值。如果手机接收信号的载波频率为 3.5×10^9 Hz，这种手机的天线应设计为多长？

4. 2023 年 9 月，"神舟十六号"航天员在我国空间站中成功进行了第四次太空授课。已知空间站的轨道半径约为 6 780 km，地球半径约为 6 380 km，试计算航天员讲课的实时画面从空间站发送至地面接收站最少需要多长时间。

9.5 电磁波的发射和接收

东方明珠广播电视塔是上海的标志性文化景观之一，位于浦东新区陆家嘴，塔高约 468 m，承担上海 6 套无线电视发射业务，地区覆盖半径为 80 km。该建筑的主体仅高 350 m，另有一根十分壮观的天线，高约 118 m，这根天线的质量高达 450 t。你知道为什么广播电视塔要建得这么高吗？

9.5.1 *LC* 振荡电路

电场和磁场都具有能量，电磁波也具有能量。所以，各类信号转化为电磁波传播出去时，也伴随着能量的传递。它所传递的能量是由振荡电路提供的。*LC* 振荡电路是其中最简单的一种振荡电路。

🧠 活动

观察 *LC* 振荡波形

用线圈 *L*、电容器 *C*、电流表 G、单刀双掷开关 S 和电池组组成如图 9.5.1 所示的电路。先把开关 S 扳到电池组一边，给电容器充电；然后把开关 S

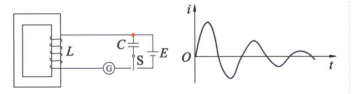

图 9.5.1 *LC* 振荡电路示意图及其波形

扳到线圈一边，让电容器通过线圈放电，观察电流计指针的偏转情况。将示波器从电流计的位置接入电路，观察波形。

9.5.2 电磁振荡

实验表明，电路中产生了大小和方向都在做周期性变化的电流。我们把这种交变电流叫作**振荡电流**，能够产生振荡电流的电路叫作**振荡电路**。由线圈（L）和电容器（C）组成的振荡电路，称为 **LC 振荡电路**。

表 9.5.1 是从电容器贮存的电荷 Q、对应的电场能 $E_{电}$、电路中的电流 i 及电感中对应产生的磁场能 $E_{磁}$ 在振荡过程中的变化来分析电路中产生振荡电流的过程。

表 9.5.1 LC 振荡电路产生振荡电流的过程

状态	对应图形	极板电荷 Q	振荡电流 i	磁场能 $E_{磁}$	电场能 $E_{电}$	能量转化
充电完毕未放电		Q_{max}	$i=0$	$E_{磁}=0$	$E_{电max}$	全部为 $E_{电}$
开始放电后		$Q\downarrow$	$i\uparrow$	$E_{磁}\uparrow$	$E_{电}\downarrow$	$E_{电}$ 转化为 $E_{磁}$
放电完毕时		$Q=0$	i_{max}	$E_{磁max}$	$E_{电}=0$	全部为 $E_{磁}$
反向充电后		$Q\uparrow$	$i\downarrow$	$E_{磁}\downarrow$	$E_{电}\uparrow$	$E_{磁}$ 转化为 $E_{电}$
反向充电完毕时		Q_{max}	$i=0$	$E_{磁}=0$	$E_{电max}$	全部为 $E_{电}$
反向放电后		$Q\downarrow$	$i\uparrow$	$E_{磁}\uparrow$	$E_{电}\downarrow$	$E_{电}$ 转化为 $E_{磁}$
反向放电完毕时		$Q=0$	i_{max}	$E_{磁max}$	$E_{电}=0$	全部为 $E_{磁}$

电路中的电流周期性变化的同时，电场能和磁场能也发生周期性的转化，这种现象叫作**电磁振荡**。

电流完成一次全振荡所需要的时间叫作振荡电流的**周期**；1 s 内完成全振荡的次数叫作振荡电流的**频率**。振荡电路的周期和频率由电路本身的性质决定，分别叫作电路的**固有周期**和**固有频率**。要改变电路的固有周期和固有频率，只要改变电容 C 或自感系数 L 即可。

LC 振荡电路的周期 T 和频率 f 与电路的自感系数 L 和

> **信息快递**
>
> 振荡电路是用来产生重复电子信号的。实际电路中使用的振荡电路有多种形式，可以输出正弦波、方波、锯齿波等各种波形的振荡电流。它可以把直流转换为交变电流，在计算机中产生时钟信号，在稳压电路中产生高频交变电流，也可以在无线电广播和通信设备中产生电磁波等。

电容 C 的关系为

$$T=2\pi\sqrt{LC} \tag{9.5.1}$$

$$f=\frac{1}{T}=\frac{1}{2\pi\sqrt{LC}} \tag{9.5.2}$$

式中，周期 T、频率 f、自感系数 L 和电容 C 的国际单位分别是秒（s）、赫（Hz）、亨（H）和法（F）。

实际电路中使用的振荡器主要是晶体振荡器，它是利用晶体的压电效应制成的谐振器件，与 LC 振荡电路相比，功耗更小，固有振荡频率更高。

9.5.3 电磁波的发射

在普通的 LC 振荡电路中，电场主要集中在电容器的极板之间，磁场主要集中在线圈内部。在电磁振荡的过程中，电场能和磁场能主要是在电路内互相转化，辐射出去的能量很少。

要有效地发射电磁波，振荡电路必须具有以下两个特点。

一是要有足够高的振荡频率。振荡电路向外界辐射能量的本领，与振荡频率密切相关。频率越高，发射电磁波的本领就越大。因此，要发射电磁波，就需要用振荡器产生很高频率的电磁振荡。

二是振荡电路的电场和磁场必须分散到尽可能大的空间，这样才能有效地把能量辐射出去。

因此，为了发射电磁波，需要改进振荡电路：一方面，增大电容器极板间的距离，减少正对面积，以减少电容；另一方面，减少线圈的匝数，以减少自感，甚至可以使用一条导线，这样既提高了振荡频率，又将电场和磁场分散到了较大的空间（图 9.5.2）。这种电路叫作开放电路。

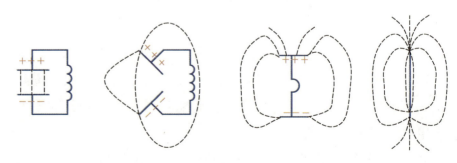

图 9.5.2 LC 振荡电路和开放电路

电磁波就是通过天线和地线所组成的开放电路发射出去的。在实际应用中，为了确保信号能够覆盖更大的区域，开放电路的一端用导线接地，叫作地线；另一端用导线延伸到高空，叫作天线。天线通常建得很高，比如广播电视台的信号塔。高高的天线可以更好地传播电磁波，避免信号被地面或其他建筑物阻挡，以传播更远的距离。

我们常用的手机，其信号也是电磁波，它的频率比广播、电视信号的发射频率高很多。手机的天线是将导电材料印制在绝缘陶瓷介质板上构成的，长度仅为几毫米到几厘米。由于手机天线小，信号传输得不远，在工程中，通常建有较为密集的基站进行天线、无线电信号的接收和发射。当用手机拨打电话时，手机会把语音转换成信号，然后以电磁波的形式，发送到距离最近的基站 A，基站 A 接收到信号之后，再通过光纤等线路转发到覆盖对方手机信号的基站 B，基站 B 再把信号发送给对方手机，对方手机接收到信号之后再把信号转换成语音，从而实现双方通话。

9.5.4　通信信号的调制与发射

在通信技术中，为了传输声音、图像等信号，首先要把传递的信号转变成电信号，并加到高频电磁波（载波）上，这一过程称为电磁波的**调制**。调制的方式有传统的模拟通信技术和数字通信技术。

中短波广播和调频广播使用的都是模拟通信技术。如图 9.5.3 所示，首先将广播电台播放的各种声音信号转换成电信号，这些电信号可看作各种连续的频率较低的正弦波，然后把这些信号调制到高频电磁波上，使调制的高频信号的振幅随着声音信号的变化而变化，最后经放大后耦合到发射天线向外发射。这一技术称为调幅广播。中波和短波收音机都是调幅广播。而利用声音信号调制高频电磁波的频率后再发射电磁波的广播称为调频广播。

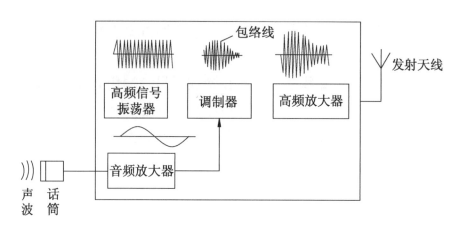

图 9.5.3　中短波广播发射原理

模拟通信技术设备简单，占用频带窄，但通信质量、抗干扰能力和保密性能差。现在，数字通信技术正在逐步替代模拟通信技术。

数字通信技术是对连续变化的模拟信号进行取样、量化、编码，形成一系列离散的数字信号。数字信号是由一系列高、低电平组成的脉冲电压，短距离传输是用光纤或电缆直接连接，从空间传播必须通过调制器加载到高频载波上才可以发射。例如，广播电视卫星就是用微波传输数字电视信号的。而手机通信中，也是以高频电磁波为载波，调制数字信号后发射，在接收端利用解调器将数字信号恢复成文字、图像或声音等各类信息。

9.5.5　电磁波的接收

电磁波在空间中传播时，遇到由导体制成的天线会产生电磁感应，产生与电磁波频率相同的感应电流，从而被接收。但是，在地球周围的空间存在各种不同频率的电磁波，我们需要选取所需要的特定电磁波（选台）。在通信技术中，利用电谐振来实现选台是常用的一种方法。

当某一频率的电磁波与振荡电路的固有频率相同时，它在电路中激起的感应电流最强，这种现象叫作**电谐振**。使接收电路产生电谐振的过程叫作**调谐**。能够实现调谐的电路叫作**调谐电路**。简单的调谐电路是由自感线圈和可变电容器组成的（图 9.5.4）。

在天线回路和调谐电路中所得到的感应电流，仍然是经过调制的高频振荡电流。因此，必须从已调制的高频振荡电

> **信息快递**
>
> 电谐振是电磁学中的共振现象。收音机中的选台旋钮就是用来调节调谐电路中的可变电容器的。

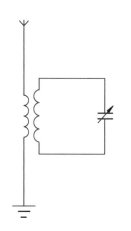

图 9.5.4　调谐电路原理图

流中"取出"其运载的调制信号,这个过程叫作**解调**。解调是调制的逆过程。仍以中短波广播为例,如图 9.5.5 所示的电路是一个简单的收音机电路。高频电流经过二极管后成为单向脉动电流,其中既有高频成分,又有低频成分(高频电路的包络线)。电容器 C_2 对音频信号来说阻抗很大,对高频信号来说阻抗很小。因此,高频信号可以很顺利地通过电容器 C_2,于是音频信号只经过耳机构成的回路,在耳机中发出广播声。

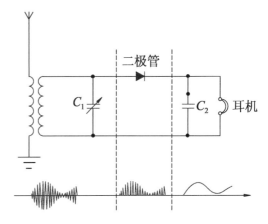

图 9.5.5　简单的收音机电路

物理与职业

音视频运维工程师

广播与视频设备是学校、商场、车站等公共场所的重要设备,包括电教平台、舞台音响系统、广播系统、会议系统等,有计算机、大型拼接显示屏、广播、扬声器、功率放大器、传输线路及其他传输设备、管理/控制设备(包含硬件和软件)、寻呼设备和其他信号源设备。

为了保证设备的正常运行,需要音视频运维工程师进行日常维护和保养,监控设备的运行状况,定期检查和维护设备,确保其正常工作。当设备出现故障时,工程师要能诊断并排除设备故障,进行部件维修和更换。另外,工程师要能够制订设备维护计划,包括定期保养、检修和预防性维护,记录和维护设备档案,包括维修记录、保养计划等。

音视频运维工程师需要具备电子工程或相关领域的专业技能和知识,以及良好的沟通能力和团队合作精神;要熟悉电力、网络、广播、视频设备的原理、结构和性能,掌握设备的维护和维修技能,以保证设备的正常运行;要与其他部门合作,确保系统的整体运行。音视频运维工程师还要不断学习和掌握新的技术,提高自身的技术水平。

实践与练习

1. 所谓"调制",是指(　　)

A. 将所要传递的声、光等信号转变为低频电信号

B. 将低频电信号"加"到高频等幅振荡电流上去

C. 从高频调幅振荡电流中取出低频电信号

D. 从各种电磁波中取出所需频率的电磁波

2. 关于电磁波的传播，下列说法正确的有（　　）

A. 电磁波是电磁场的传播，通过天线发射与接收电磁波的效率更高

B. 发射电磁波前，会将其转换为电信号，然后传递给接收器进行处理

C. 接收器接收到电信号后，会对其进行解码或解调，从而还原出原始的信号

D. 电磁波的接收使用的接收设备，如手机、电视机等有解调的过程

3. 有波长分别为 290 m、397 m、566 m 的无线电波同时传向收音机的接收天线，当把收音机的调谐电路的频率调到 756 kHz 时，问：

（1）哪种波长的无线电波在收音机中产生的振荡电流最强？

（2）如果想接收到波长为 290 m 的无线电波，应该把调谐电路中的电容调大一些还是调小一些？

4. 在电视机发明之初，为了使电视机能接收声音信号和图像信号，工程师们进行了如下讨论，你认为哪些是正确的，哪些是错误的？为什么？

（1）声音信号的电流频率低，不能直接发射出去，要有载波。

（2）要把信号发射出去，产生信号的电路中需要有很大的能量，且此电路必须是闭合的。

（3）要让电视机接收到发射的电磁波信号，其接收电路中要能产生电谐振。

（4）要使电视机的屏幕上有图像，必须要有解调的过程。

小结与评价

内容梳理

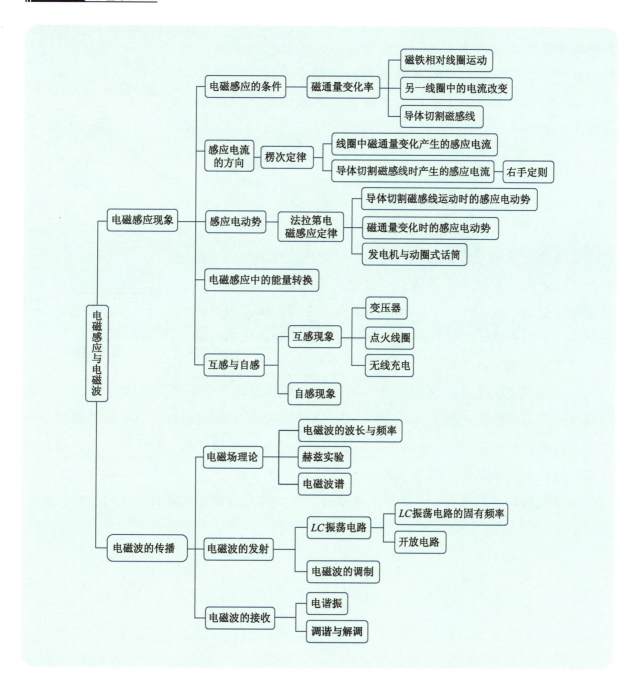

问题解决

1. 历史上有人为了探索"由磁产生电"做了一个实验,他为了防止实验装置之间产生干扰,在一个房间内放置一个线圈,线圈的两端与相邻房间的一个电流表用导线连接。他往线圈中插入条形磁铁后,再到相邻房间去观察电流表,结果没有发现电流表有变化。请你运用电磁感应的知识来解释一下这个实验结果。

2. 扫描隧道显微镜（Scanning Tunneling Microscope，STM）可用来探测样品表面原子尺度上的形貌。为了有效隔离外界振动对STM的扰动，在圆底盘周边沿其径向对称地安装若干对紫铜薄板，并施加磁场来快速衰减其微小振动，如图所示。无扰动时，按下列四种方案对紫铜薄板施加恒磁场。出现扰动后，对于紫铜薄板上下及左右振动的衰减最有效的方案是哪一个？为什么？

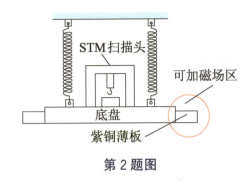

第2题图

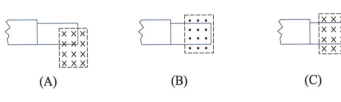

3. 电磁炉是利用感应电流（涡流）的加热原理工作的。在制造电磁炉时，有技术人员提出"电磁炉面板采用陶瓷材料，用铁锅对食品加热"的方案，也有人提出"电磁炉面板采用金属材料，用陶瓷器皿对食品加热"的方案。你认为以上两种方案哪种更为合理？为什么？

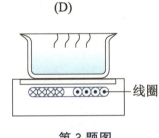

第3题图

4. 中国气象局发布的《2022年中国风能太阳能资源年景公报》显示，2022年全国平均年水平面总辐照量约 1 500 kW·h/m^2。光电池是把太阳能转化为电能的器件，如果这种器件的效率是100%，那么为了给一个普通家庭提供平均1 kW的电力，请你估计应该铺设多大面积的光电池。光电池的实际效率只有15%，按这样的效率计算，应该铺设多大面积的光电池？根据你家房屋的情况，你愿意把它铺设在你家的房顶上吗？

第 10 章
电子元件与传感技术

近年来，随着人们对生活品质、智慧办公与智慧教育的需求不断提升，人机交互、触控显示等技术得到了普遍应用。

21 世纪人类迈入智能化时代，以传感器技术为基石、智能化系统为支撑的物联网技术和人工智能广泛融入了科技与生活。本章我们将一起学习传感器的具体类型及其工作原理。

主要内容
- ◎ 二极管
- ◎ 光电效应　光电管
- ◎ 温度传感器及其应用
- ◎ 光电传感器及其应用
- ◎ 声控灯的原理与安装

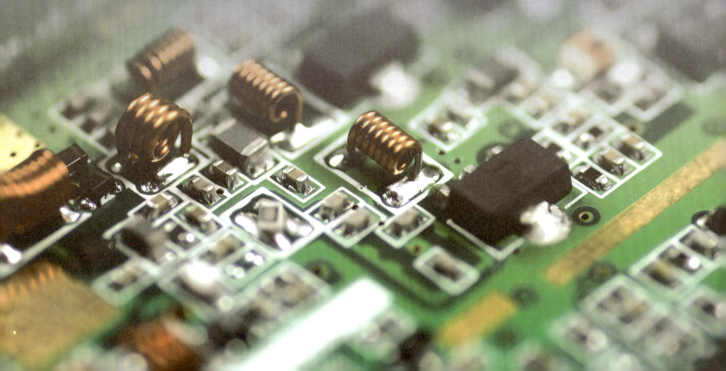

10.1 二极管

半导体是导电能力介于导体和绝缘体之间的一类器件。为什么说半导体是电子线路的核心元件？它能否用阻值相当的电阻替代？这一切要从半导体的结构和性能说起。

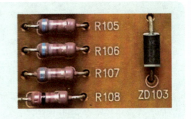

10.1.1 认识半导体

传统的半导体材料有硅和锗，新兴的化合物半导体材料有砷化镓、磷化铟、碳化硅、氮化镓、氮化铝等。

半导体的导电能力会随着温度、光照的变化或掺入的杂质多少而发生变化，通过控制这三个因素可以将半导体加工成相应的控制元件。

纯净的具有晶体结构的半导体称为本征半导体。如果往本征半导体中掺入三价元素的原子硼或镓，形成的掺杂半导体称作 P 型半导体；如果往本征半导体中掺入五价元素的原子磷或砷，形成的掺杂半导体称作 N 型半导体。PN 结是在紧邻的 P 型半导体与 N 型半导体的交界面处形成的空间电荷区。

PN 结具有单向导电性。正常情况下，PN 结两端正向电压（P 端高电位，N 端低电位）超过死区电压（锗管 0.1～0.2 V，硅管 0.5 V）时，允许电流从 P 向 N 流过 PN 结，此时称 PN 结正向导通；如果 PN 结两端加上反向电压（P 端低电位，N 端高电位），PN 结中只有从 N 流向 P 的极其微弱、可以忽略不计的反向电流，此时称 PN 结反向截止；如果 PN 结两端的反向电压达到反向击穿电压，反向电流会急剧增大，此时称 PN 结被击穿，如图 10.1.1 所示。

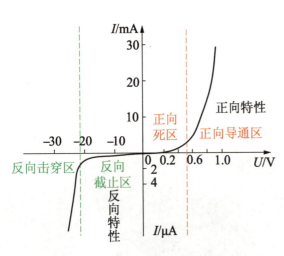

图 10.1.1　PN 结伏安特性的四个区域

10.1.2 二极管及其特性

在 PN 结的两端加上电极引线并用外壳封装起来,就构成了半导体二极管,简称二极管。从二极管 P 区引出的电极称为正极或阳极,从 N 区引出的电极称为负极或阴极,如图 10.1.2 所示。

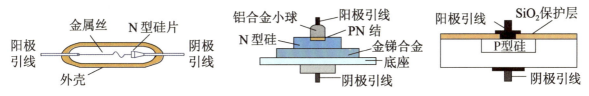

图 10.1.2 二极管的结构示意图

单向导电性是二极管最基本的特性。实际上,正向导通和反向截止仅仅是二极管的两种工作状态,二极管还有可能处于正向死区和反向击穿区两种状态。

活动

观察二极管的单向导电性

如图 10.1.3 (a) 所示,用导线将干电池、开关、小灯珠和二极管连成闭合电路,闭合开关,观察小灯珠的发光状况。

断开开关,将二极管两管脚对调,重新接通电路,观察小灯珠的发光状况 [图 10.1.3 (b)]。

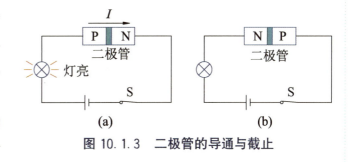

图 10.1.3 二极管的导通与截止

将二极管从电路中取出,用指针式万用表和数字万用表分别测量二极管的正反向电阻,比较二极管的正反向电阻有何不同。

通过观察,你发现两次接通电路,小灯珠的发光有什么变化?用万用表测量得出的二极管正反向电阻阻值是否一致?是什么原因造成了上述现象?这说明二极管有什么特性?

10.1.3 二极管的分类与应用

常见的二极管有普通二极管、稳压二极管、光敏二极管和发光二极管四种。

普通二极管是一种基础的半导体器件，它工作在 PN 结的正向导通区与反向截止区，只允许电流单向通过。

普通二极管被广泛应用于电源适配器、充电器的整流电路，借助二极管的单向导电性，将交变电流转变成直流；在无线电接收器中，使用普通二极管可以从高频信号中提取音频信号，实现检波功能；利用二极管"在正向偏置时导通，反向偏置时截止"这一特性，可以将二极管用作限幅器，在信号超过设定的电平上限或下限时，将信号限制在一个预定的范围内。二极管限幅的应用非常广泛，在音频处理中，二极管可以用来限制音频信号的幅度，防止信号过载；在电源管理中，二极管可以用来限制电源的输出电压，防止过电压损坏电路。

稳压二极管又称为齐纳二极管，是一种特殊的半导体二极管，它能够在反向击穿电压下稳定工作，并且能够维持几乎恒定的电压值。稳压二极管能承受的电流有一定的范围，超过这个范围可能会导致二极管过热损坏，因此稳压二极管工作时需要在电路中串联限流电阻。

稳压二极管可作为电路中的电压基准，为传感器、运算放大器等提供精确的参考电压；稳压二极管也可以作为稳压元件，为负载提供过压保护。当电压超过设定值时，稳压二极管被击穿，实现分流限压，保护负载不被损坏。

光敏二极管是一种能够将光信号转换为电信号的半导体器件，它基于光电效应工作，当光照射到光敏二极管的 PN 结时，会产生电子-空穴对，这些电子-空穴对在外加电场的作用下产生电流，从而实现对光信号的检测。

光敏二极管对光非常敏感，可以检测到很弱的光信号，光敏二极管通常体积较小，可以很方便地集成到各种电子设备和电路中。

发光二极管又称 LED，是一种能够将电信号转换为光信号的半导体器件，当电流通过发光二极管时，电子和空穴在半导体材料中复合，以发光的形式对外释放能量。

发光二极管通常需要配合适当的驱动电路一起使用，以提供稳定的工作电流和电压。

由于发光二极管具有体积小、环保节能、响应速度快、寿命长等一系列优点，在照明显示领域得到了广泛应用。发光二极管不仅可用于家庭、商业和户外照明，还可用作电子设备中的状态指示灯、交通指示牌、广告牌、体育场馆显示屏等。当然，在选择和使用发光二极管时，需要考虑亮度、色温、视角、寿命、效率、工作电压和电流等参数，以确保其能够满足特定应用的性能要求。

几种常用二极管及其电路符号如图 10.1.4 所示。

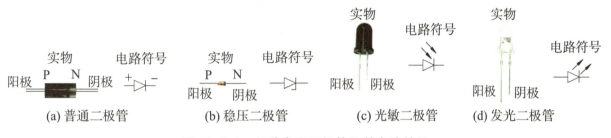

图 10.1.4　几种常用二极管及其电路符号

例题

如图 10.1.5 所示，电路中的最大输入电压为 12 V，输出端负载功率为 2 W，要求工作电压稳定在 5 V。现使用一个功率为 0.5 W、稳压值为 5 V 的稳压二极管，试选择限流电阻的阻值。

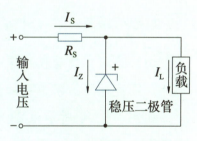

图 10.1.5　计算二极管稳压电路限流电阻阻值

分析　稳压二极管工作在反向击穿区，利用稳压二极管因反向电压微弱变化导致反向电流显著变化的特征，将输入电压的波动转移到串联的限流电阻上，保证稳压二极管两端的输出电压稳定在规定的范围内。

限流电阻的另一个主要作用是防止稳压二极管中的反向电流过大导致稳压二极管被热击穿损坏。显然，限流电阻的阻值越大，稳压二极管中的反向电流越小，越不容易被热击穿。但限流电阻的阻值不是越大越好，限流电阻的阻值过大，稳压二极管有可能偏离反向击穿区，工作在反向截止区，此时稳压二极管在电路中相当于开路，起不到稳压的作用。

解决这类问题的一般方法是：以串联的限流电阻为研究对象，根据输入电压与输出电压的差值确定限流电阻上应分担的电压；根据稳压二极管正常工作时的稳压电流 I_Z 与负载工作电流 I_L 之和确定限流电阻中流过的电流 I_S，然后用欧姆定律计算限流电阻的合适阻值。

解 稳压二极管的稳压值为 5 V，功率为 0.5 W，根据 $P=UI$ 可得稳压管的稳定电流为

$$I_Z = \frac{P}{U} = \frac{0.5}{5}\ \text{A} = 0.1\ \text{A}$$

负载电阻的工作电压为 5 V，功率为 2 W，根据 $P=UI$ 可得负载中的电流为

$$I_L = \frac{P}{U} = \frac{2}{5}\ \text{A} = 0.4\ \text{A}$$

以串联的限流电阻为研究对象，限流电阻分担的电压是输入电压与输出电压之差，即

$$U_S = (12-5)\ \text{V} = 7\ \text{V}$$

限流电阻中流过的电流是稳压二极管中的电流 I_Z 与负载中的电流 I_L 之和，即

$$I_S = (0.1+0.4)\ \text{A} = 0.5\ \text{A}$$

根据欧姆定律可知限流电阻的阻值为

$$R_S = \frac{U_S}{I_S} = \frac{7}{0.5}\ \Omega = 14\ \Omega$$

反思与拓展

如果稳压二极管仅用来提供基准电压，负载功率可以忽略不计，限流电阻的阻值将如何变化？

如图 10.1.6 所示为 220 V 交流电源（电压最大值为 310 V）插座上的通电指示二极管，R 为限流电阻，如果发光二极管的工作电压为 2 V，功率为 0.5 W，求限流电阻 R 的阻值。

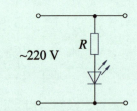

图 10.1.6 计算发光二极管电路中限流电阻的阻值

物理与职业

半导体质量工程师

半导体质量工程师是半导体工厂中很重要的岗位，主要职责是保证半导体的加工制造过程稳定可靠，日常工作主要是监督各个部门的品质等相关问题。

半导体质量工程师负责产品生产过程中的首件检验、抽样检查，并对生产制造过程进行监督，及时发现产品质量差异，纠正元器件制造过程中影响产品性能或产品质量的操作。在此基础上进一步研发，建立项目质量监控检测系统，完善生产环境、过程，确保产品生产制造环境体系的有效运行，保证产品质量总体达到预期要求。

质量工程师要具备参与企业质量工作总体策划的能力，能具体负责并落实企业的质量方针和质量目标，现场指导或帮助解决实际质量问题，所以质量工程师应当既懂生产技术又懂管理。同样地，半导体质量工程师不仅要熟悉质量管理体系，还需要了解半导体制造技术，因此要有物理学、材料科学、电子工程、计算机科学等基本知识储备，还要有相关的专业技能，具备解决问题、持续学习和适应新技术的能力。

实践与练习

1. 如图 10.1.7 所示，电阻 R 与二极管 VD、5 V 的电源组成闭合回路，设二极管正向压降为 0.6 V，求电阻 R 两端的电压。

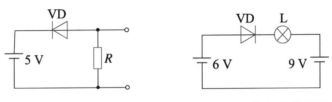

图 10.1.7　闭合回路　　　图 10.1.8　小灯珠能否发光

2. 如图 10.1.8 所示，额定电压为 3 V 的小灯珠 L 与二极管 VD、9 V 和 6 V 的电池组成串联电路，请问小灯珠能否发光？为什么？

3. 如图 10.1.9 所示为半波整流电路。已知输入电压波型，试绘制输出电压波形。

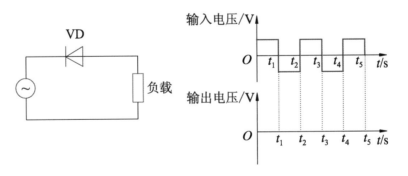

图 10.1.9　半波整流电路

4. 查阅资料，说一说本征半导体加工成 P 型半导体或 N 型半导体后导电能力有什么变化，为什么会发生这些变化？说一说什么是载流子，为什么通过半导体 PN 结的正向电流和反向电流大小悬殊，呈现出单向导电性这一典型特征，而导体不具备这一特征？请将收集整理的资料梳理成一篇小短文，字数不限。

10.2 光电效应 光电管

光既是一种能量,也是一种控制信号。光伏发电、光电传感器都是通过光电转换,实现对光能的利用、对光信号的控制。光与电之间如何转换,遵循哪些规律?

10.2.1 光电效应现象

在光的照射下,金属表面有电子逸出的现象叫作光电效应,发射出来的电子叫作光电子,光电子定向移动形成的电流叫作光电流。

如图 10.2.1 所示,一块由绝缘底座支撑的不带电的锌板通过导线与验电器金属球相连,用紫外线灯照射锌板,可以观察到验电器的金属箔片张开了一个角度。如果用丝绸摩擦过的玻璃棒接触验电器的金属球,发现金属箔片的张角变大。这一现象说明在紫外线照射下,原先不带电的锌板带上了正电荷,

图 10.2.1 光电效应实验示意图

意味着有负电荷(电子)从锌板表面逸出。在图 10.2.1 中,若撤掉紫外线灯,换上白炽灯照射锌板,则不会发生同样的现象。

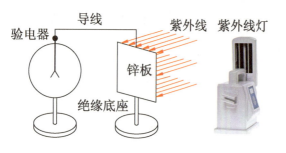

10.2.2 光电效应的规律

利用如图 10.2.2 所示的实验电路,可以探究光电效应的规律。

研究发现,金属原子的核外电子受到原子核的静电引力的束缚,留在金属板内。不同种类的金属,原子核对电子的束缚能力不同,电子挣脱原子核的静电力束缚所需要消耗的

图 10.2.2 探究光电效应的规律

能量不同，**金属中的电子挣脱原子核的静电力束缚逸出金属表面所需要的最小能量称为逸出功。**

光在空间一份一份地传播，每一份称为一个光子。**每个光子的能量 E 和光的频率 ν 有关**，即

$$E = h\nu \tag{10.2.1}$$

式中，h 称为普朗克常量，$h = 6.63 \times 10^{-34}$ J·s。显然，随着光的频率 ν 增大，每一份光子的能量 E 也在增加。

光的强度与单位时间内的光子数量有关，单位时间内的光子数量越多，光的强度越大。

光照射到金属板上，金属板内的电子吸收了光子的能量。只有当光子的能量足够大（光的频率 ν 足够大），超过了对应金属的逸出功 W 时，电子才有可能从金属板中逃逸出来成为光电子，超出逸出功的能量转变为光电子的初动能。

光电子的初动能、金属逸出功、入射光频率之间满足爱因斯坦光电效应方程，即

$$\frac{1}{2}mv^2 = h\nu - W \tag{10.2.2}$$

能够发生光电效应的入射光的最低频率称为截止频率 ν_0。

$$\nu_0 = \frac{W}{h} \tag{10.2.3}$$

可以看出，光电效应能否发生不仅与光子的能量（入射光线的频率 ν）有关，也与金属的种类有关。几种金属的截止频率和对应波长详见表 10.2.1。

表 10.2.1 几种金属的截止频率和对应波长

金属	铯	钠	锌	银	铂
$f_0/(\times 10^{14}$ Hz)	4.55	6.0	8.07	11.5	15.3
λ_0/nm	660	500	372	260	196

发生光电效应时，如果增加光子数量（光照强度增加），可以增加从金属表面逸出的光电子数量；增大光电管间的正向电压，可以吸引更多的光电子抵达阳极。这两种方法都能够增大光电流。但是在**光照强度一定时**，当光电管的正向电压增大到一定程度，阴极逸出的**光电子全部被吸引到了阳极，这时继续增大正向电压，光电流的大小不再增大**，此时的光

电流称为饱和光电流。

反过来，在光电效应中，在光电管两端加上反向电压，抵达光电管阳极的光电子数量将会减少，光电流将随之减小。**当反向电压增大到一定值时，光电流正好减小到零，此时的电压称为遏止电压。**

综上所述，光电效应现象遵循以下规律：

（1）只有当入射光的频率超过截止频率时，才会发生光电效应。

（2）发生光电效应时，饱和电流的大小与入射光的强度成正比。

（3）在光电效应中，光电子的最大初动能只与入射光的频率有关，与光的强度无关。

（4）光电子的发射是瞬时的，一旦光照射到金属表面，光电子几乎立即被发射出来。

例题

已知金属钨的逸出功为 7.2×10^{-19} J，请问用频率为 5.1×10^{14} Hz 的黄光照射金属钨，能否发生光电效应？

分析 能否发生光电效应取决于照射光的频率是否大于金属的截止频率，或者入射光子的能量是否大于金属的逸出功。在已知金属的逸出功的前提下，只需计算出单个光子具备的能量，再与对应的金属的逸出功进行比较即可。

解 金属钨能否发生光电效应取决于入射的每一个光子的能量是否大于金属钨的逸出功。

根据 $E = h\nu$ 可得，当光的频率为 5.1×10^{14} Hz 时，每一个光子具备的能量为

$$E = h\nu = 6.63 \times 10^{-34} \times 5.1 \times 10^{14} \text{ J} \approx 3.38 \times 10^{-19} \text{ J}$$

又因为金属钨的逸出功 $W = 7.2 \times 10^{-19}$ J，$E < W$，所以无法发生光电效应。

除了通过具体运算外，本题也可以对照表 10.2.1 中几种金属的截止频率和对应波长，查到逸出功低于金属钨的金属钠的截止频率为 6.0×10^{14} Hz，黄光的频率 5.1×10^{14} Hz 低于金属钠的截止频率，无法使金属钠发生光电效应，更无法使金属钨发生光电效应，结论与计算结果完全一致。

反思与拓展

一种金属被光照射后能否发生光电效应，既可以根据光电效应遵循的规律，通

过计算确定对应频率的光子能量，对比光子能量和金属的逸出功的大小进行判断，也可以通过查表直接比较入射光的频率和金属发生光电效应时对应的截止频率进行判断。在只需要判定结果且无法查到对应金属发生光电效应的截止频率的情况下，也可以借助已知截止频率的金属进行比较和判断，避免烦琐的运算。

10.2.3 光电管

如图 10.2.3 所示，光电管在玻璃泡内装有两个电极：阴极和阳极。阴极选用低逸出功的光电材料，有些涂在玻璃泡内壁，有些涂在半圆筒形的金属片上，阴极对光敏感的一面向内。线状或环状阳极安装在玻璃管的中央。当阴极受到适当波长的光线照射时发射光电子，高电位的阳极吸引逸出的光电子，在光电管内产生光电流。

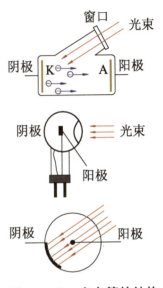

图 10.2.3 光电管的结构

10.2.4 光电倍增管

用光电管检测微弱的光信号时，信号淹没在噪声中，为了解决这个问题，需要在光电管结构上增加倍增结构。

光电倍增管由光电阴极、若干倍增极和阳极三部分构成，如图 10.2.4 所示。光照射到阴极材料时，阴极材料向真空中激发出光电子，光电子又在加速电场的作用下，以较大的动能撞击到第一个倍增（阴极材料）电极上，从这个倍增电极上激发出较多的二次电子，这些二次电子又在电场的作用下，撞击到第二个倍增电极，从而激发出更多的电子。这样，激发出的电子数不断增加，从而使光电倍增管在光电探测器中具有极高的灵敏度，可以测量非常微弱的光。

> **信息快递**
>
> 光电效应中一个光子只能激发生成一个光电子，但一个高能电子能够从阴极材料激发出多个二次电子，这是光电倍增管能够倍增的机理。

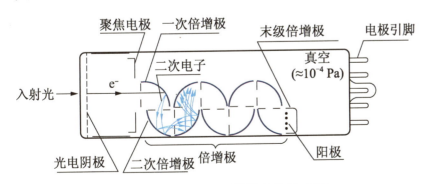

图 10.2.4 光电倍增管的结构示意图

实践与练习

1. 已知钠的逸出功为 2.3 eV，计算使钠产生光电效应的截止频率。

2. 关于光电效应，下列说法正确的是（　　）

   A. 光照时间越长，光电流越大

   B. 入射光的光强一定时，频率越高，单位时间内逸出的光电子数就越多

   C. 金属中的每个电子可以吸收一个或一个以上的光子，当它积累的动能足够大时，就能逸出金属

   D. 不同频率的光照射同一种金属时，若均能发生光电效应，则频率越高，光电子的最大初动能越大

3. 如图 10.2.5 所示是用 a、b 两种不同频率的单色光照射同一光电管，发生光电效应时得到的光电流 I 与光电管两极间所加电压 U 的关系曲线。由图可知，a 光的频率 _____ 于 b 光的频率，a 光的光强 _____ 于 b 光的光强。

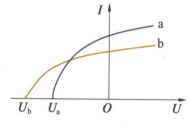

图 10.2.5　I-U 曲线

10.3 温度传感器及其应用

温度是表征物体冷热程度的物理量,也是直接影响生产安全、产品质量、生产效率和能源利用效率的一个重要因素,因此温度的测量与控制具有重要意义。温度传感器为实现温度测量、控制的自动化、智能化创造了条件。

10.3.1 认识传感器

传感器是一种能够感知指定的物理、化学或生物量,并将其感知的量转换为可处理的信号输出的装置。传感器通常由敏感元件和转换元件组成:敏感元件负责感应外界的变化,而转换元件则将敏感元件的响应转换为电信号,以便于传输、处理和显示。

传感器的种类繁多,包括可以检测温度、压力、湿度、力、速度、加速度等物理量的物理传感器,可以检测特定气体的存在和浓度的化学传感器,可以检测血液中的葡萄糖浓度的生物传感器等,它们在工业自动化、医疗设备、环境监测、智能交通、智能家居等领域发挥着重要作用。随着科技的进步,传感器已变得越来越小型化、智能化和多功能化,以满足不断增长的市场需求。

10.3.2 温度传感器

温度传感器是一种能够感知环境温度并将其转换为可读电信号输出的装置,它利用材料或物理现象随温度变化而变化的特性,实现对温度的检测。

温度传感器具有响应速度快、灵敏度高、适用范围广、易于集成等特点,不同类型的温度传感器适用于不同的温度范围,从极低温度到极高温度都能覆盖。温度传感器能够帮助人们维持舒适的生活环境,保障工业生产的正常进行,是现

信息快递

温度传感器利用材料的热敏特性,实现由温度到电参量的转换。温度传感器响应迅速,能够检测实时温度,根据需要,温度传感器在使用时可以不与被测介质接触,避免污染和腐蚀。

代社会不可或缺的一部分。

温度传感器主要有以下几种类型：

▶ 热电偶

把不同材质的导体连接在一起，保持两结点温度不同，闭合回路中将会产生电动势（热电势），形成回路电流。这种现象称为热电效应，产生热电势的装置称为热电偶，如图 10.3.1 所示。热电势与组成回路的两种导体材料的性质及两结点的温度有关。

(a) 医用微型热电偶传感器

(b) Pt100金属热电阻温度传感器

(c) 高灵敏度医用（呼吸机）温度传感器

(d) 热电堆温度传感器

图 10.3.1 不同类型的温度传感器

热电偶测温是接触式测温方法中常见的一种，它的主要特点是测温精度高、测温范围广（－250～1 800 ℃）、结构简单、使用方便、便于远距离和多点温度测量。

▶ 热电阻

热电阻是利用材料的电阻随温度变化的特性制成的电阻式测温系统，由纯金属热敏组件制作的热电阻称为金属热电阻，由半导体材料制作的热电阻称为半导体热敏电阻。

常用的金属热电阻材料有铂、铜、镍、铁，它们的阻值随温度的升高而增大，其中 Pt100 和 Cu50 是最常用的两种金属热电阻材料。热电阻可做成丝状，加上绝缘套管、保护套管和接线盒等组成温度传感器。

由金属氧化物的粉末按照一定比例烧结而成的热敏电阻，是一种半导体测温元件。热敏电阻按其对温度的不同反应特性，一般分三类：电阻值随温度升高而下降的负温度系数热敏电阻（NTC）、电阻值随温度升高而升高的正温度系数热敏电阻（PTC）和电阻值在某一温度附近发生突变的临界温度系数热敏电阻（CTR）。

热电阻传感器主要用于-200~500 ℃的温度测量，其主要特点是测量精度高、性能稳定。热敏电阻制造简单、易于维护、温度系数大、灵敏度高、体积小、工作温度范围宽，常温器件适用于-55~315 ℃，低温器件适用于-273~55 ℃。

> **半导体 PN 结温度传感器**

利用半导体材料的电阻率对温度变化敏感这一特性可制成半导体温度传感器。半导体 PN 结温度传感器可分为温敏二极管温度传感器和温敏晶体管温度传感器两种类型。

> **集成温度传感器**

集成温度传感器是将温敏晶体管、放大电路、温度补偿电路及其他辅助电路集成在同一芯片上的温度传感器。它主要用来进行-50~150 ℃范围内的温度测量、温度控制和温度补偿。一般来讲，集成温度传感器具有小型化、成本低、线性好、精度高、可靠性高、重复性好及接口灵活等优点。

> **热电堆温度传感器**

热电堆温度传感器支持-10~85 ℃的工作范围，精度为±1 ℃，小尺寸小开窗，提供数字 I^2C 接口，非常适合非接触式温度测量等应用。

10.3.3 温度传感器的应用

温度传感器用于温度测量、控制，在居家生活、工业生产、医疗卫生、环境监测等领域均有广泛应用。

家用厨具如智能电饭煲、烤箱、豆浆机等都用到了温度传感器，空调和智能马桶同样也用到了温度传感器，可以说温度传感器已经融入了生活的方方面面。

在工业生产中，温度传感器用于测量温度、控制加热和冷却设备的工作。在钢铁冶炼行业，为了测量炉温，实现对炉温的控制，除了大量运用热电偶等温度传感器外，还使用了高温红外线技术。通过测量炉内的红外辐射，迅速准确地得出温度值，实现对过程温度的连续跟踪，保证了生产质量和生产效率。在化学工业中，温度传感器可以用于监测反应容器内的温度，保证化学反应的安全和稳定。

在医疗领域，温度传感器可以快速测量人体的温度，帮助医生诊断疾病。此外，在医疗设备如血液透析机、呼吸机等设备中也大量使用温度传感器实现温度控制；在消融手术中用温度传感器感知和控制消融针针尖发射的能量，杀死肿瘤细胞。

在环境监测领域，温度传感器可以用于测量周围环境的温度，监测空气、水、土壤等介质的温度变化。例如，在气象站，温度传感器可以用于测量气温，提供气象数据；在水文监测中，温度传感器可以用于测量水温，监测水质变化。

在交通运输行业，广泛使用温度传感器监测发动机温度。了解设备的工作状态，提高设备的性能和可靠性，保证发动机正常工作。

温度传感器的广泛应用提升了人们的生活质量，保证了设备的安全和稳定，提高了生产效率和产品质量。

实践与练习

1. 在使用金属热电阻温度传感器设计测温电路时，为什么要限制通过测温电阻的电流？

2. 根据所学知识，说一说半导体 PN 结温度传感器和金属热电阻温度传感器的电阻随温度如何变化。为什么？

3. PTC、CTR 和 NTC 各代表什么？它们各有什么样的材料特性？家用电冰箱的压缩机用单相电机驱动，为了帮助电机启动，在电机中有一组启动绕组，如图 10.3.2 所示。当电机正常运转后再将启动绕组与电路断开。试问单相电机的启动绕组中串联的是以上三类热敏电阻中的哪一种热敏电阻？

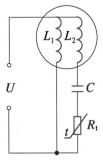

图 10.3.2 单相电机启动电路

10.4 光电传感器及其应用

扫码枪为什么能扫描和识别条形码？烟雾报警器遇到烟雾为什么会响应报警？原来这都是光电传感器在起作用。光电传感器到底是如何工作的？让我们一起来了解光电传感器的工作原理。

10.4.1 光电传感器

光电传感器是将光信号转变成电信号的一种装置，它由光源、接收器和检测电路组成，接收器依据光电效应感知光的某个物理量的变化，并将其转换成电信号。

常用的光接收器件有光电管、光电倍增管、光敏电阻、光敏二极管、光敏三极管和光电池等。

光电管和光电倍增管依据光电效应工作，如图 10.4.1 所示，在高于阴极金属材料截止频率的光照下，阴极将对外发射光电子。

光敏电阻和光敏二极管利用光电效应工作，如图 10.4.2 所示。

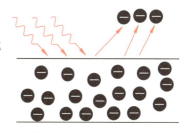

图 10.4.1 光电效应

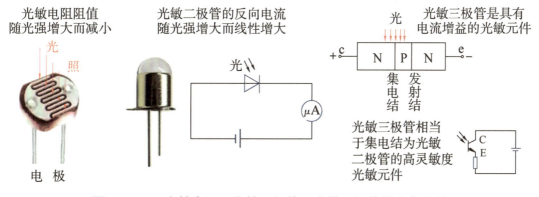

图 10.4.2 光敏电阻、光敏二极管、光敏三极管的光电特性

信息快递

三极管也称晶体管，其内部是由 P 型半导体和 N 型半导体组成的集电区、基区、发射区三个区，其中集电区和发射区是同一种类型的半导体，基区是另一种类型的半导体，在基区与集电区的交界面上形成的 PN 结，称为集电结，在基区与发射区的交界面上形成的 PN 结，称为发射结。从集电区、基区、发射区三个区引出的三个引脚分别称为集电极、基极和发射极。

在没有光照时，光敏电阻和光敏二极管的阻值很高；当受到光照时，光敏电阻和光电二极管中的材料受到光子轰击，如果光子的能量足够大，材料中被束缚的价电子挣脱束缚，成为自由电子，出现了能够导电的电子-空穴对。光照后光敏电阻和光敏二极管内部产生了载流子，光敏电阻的阻值因光照而减小，光敏二极管在光照下由原先的反向截止变为反向导通。

光敏三极管也称光敏晶体管，常用作放大元件和开关元件。其集电结相当于光敏二极管，由于光敏三极管能将原始光电流放大，所以灵敏度比光敏二极管高许多倍。

光电池是利用光生伏特效应工作的光电接收器件。在 P 型半导体和 N 型半导体的交界面存在空间电荷区，当两种半导体材料的交界面受到光照时，激发出自由电子，形成电子-空穴对，那么形成的自由电子和空穴在 PN 结交界面内电场的作用下，电子向 N 端移动，空穴向 P 端移动，正、负电荷分别在半导体材料的两端积累。当半导体两端积累的电荷形成的电场与内电场平衡时，在半导体两端形成稳定的电势差，如图 10.4.3 所示，这种现象称为光生伏特效应。

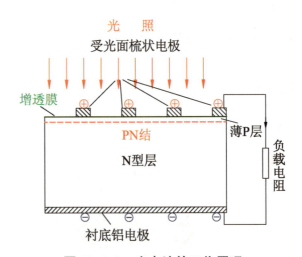

图 10.4.3　光电池的工作原理

光电池在不同光强的照射下可以产生不同的光生电动势和光电流，利用光电池的频率特性，其还可以作为测量、计数和接收元件，在高速计数和有声电影等方面均有应用。

光电传感器通过光接收器件检测光信号的变化，光信号又是由光源提供的，因此通常将被检测对象布置在光源到光接收器件之间的光路中，当被检测对象出现时，改变了原先的光路，检测电路再将光信号的变化转变为电信号。

10.4.2 光电传感器的光路设计

根据光源与光接收器的位置关系，光电传感器可以分为对射型光电传感器、反射型光电传感器和漫反射型光电传感器三类，如图10.4.4所示。

对射型光电传感器由一个光源和一个光接收器组成，也称对射式光电开关。

对射式光电开关的检测距离可达几米乃至几十米，使用时把光源和光接收器分别装在被检测物体通过路径的两侧，被检测物体阻挡光路，光接收器就输出一个开关控制信号。在物料输送传送带上广泛使用这种开关来计数。

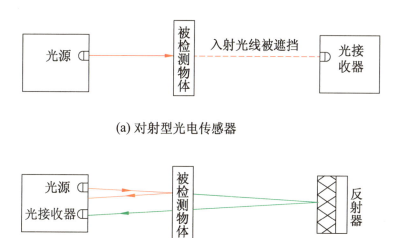

(a) 对射型光电传感器

(b) 反射型光电传感器

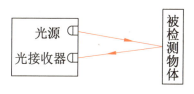

(c) 漫反射型光电传感器

图10.4.4 三种类型的光电传感器

反射型光电传感器的光源和光接收器放在一起，在传感器的对面放置反射器，光源发出的光被反射器反射回来，被光接收器接收到。一旦光路被检测物体挡住，光接收器接收不到反射光线，光电开关就产生动作。

漫反射型光电传感器与反射型光电传感器大体相似，唯一不同的是，在传感器的对面没有反射器，正常情况下光接收器无法接收到光源发出的光，当有被检测物体通过时，将部分光线反射回去，光接收器接收到光信号，输出一个开关信号。

对射型光电传感器探测距离远，工作可靠；反射型光电传感器需要在光源对面安装反光板，常用于深色物体的检测；漫反射型光电传感器常用于狭小的空间，但不适合检测深色物体。

10.4.3 光敏元件

➤ 光敏电阻

光敏电阻利用硫化镉、硒化镉、硫化铅、硒化铅、锑化铟等半导体材料的光电效应，将这些材料制成薄膜，封装在带有透明保护窗的壳体中。受到光照时，半导体材料中激发出电子-空穴对，导电能力增强，光敏电阻的阻值降低；光照停止后，自由电子与空穴复合，电阻恢复原值。通过光敏电阻阻值的变化反映接收到的光通量的变化，如图 10.4.5 所示。

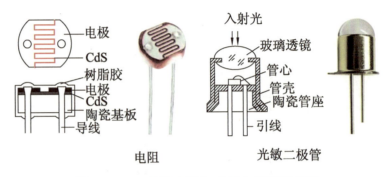

图 10.4.5　光敏电阻与光敏二极管的结构

光敏电阻具有灵敏度高、响应范围宽、体积小、质量轻、强度高、耐冲击等特点。

➤ 光敏二极管

光敏二极管的内部是具有光敏特性的 PN 结，在 PN 结顶部有一个透镜制成的窗口，入射光线透过窗口集中到 PN 结的敏感面上。

光敏二极管工作在反向偏置状态，当没有光照时，反向电阻很大，光敏二极管处于截止状态；当光线照射到光敏二极管的 PN 结时，在二极管中激发出电子-空穴对，增大了载流子浓度，反向电流随之增大，所以光敏二极管具备将光信号转变成电信号的能力，能够实现光电转换，故又可称为光电二极管。

10.4.4　光电传感器的优势与应用

与其他类型的传感器相比，光电传感器通过遮光或反射光进行检测，可以检测金属、玻璃、塑料、木头等不同材质的物体。又因为光的传播速度快，传感器电路全部由电子元件构成，没有机械响应时间，所以光电传感器响应时间短。另外，光电传感器工作时，不需要与被检测物体直接接触，因此不会对被检测物体和传感器造成损伤，传感器的工作寿命长。

对射型光电传感器常用于检查传送带上的物品，在工业自动化生产线、仓储物流行业应用广泛；反射型光电传感器的反射器一端不需要接线，安装调整比对射型光电传感器方便；漫反射型光电传感器应用最为普遍，在安防、扫码方面均有应用，如图 10.4.6 所示。

(a) 工业流水线上的对射型光电传感器

(b) 鼠标底部的反射型光电传感器

(c) 办公场所安防使用的漫反射型光电传感器

图 10.4.6　光电传感器在生产生活中的应用

 生活·物理·社会

光电式烟雾传感器

烟雾传感器被广泛应用于商场、宾馆、住宅、仓库等场所的火灾安全检测，一旦检测到有烟雾存在，传感器便会第一时间发出报警信号，提示人们及时消除安全隐患。

烟雾传感器分为离子式烟雾传感器、光电式烟雾传感器和气敏式烟雾传感器等多种类型，光电式烟雾传感器是较为常用的一种类型。

光电式烟雾传感器的电路板上安装有一对发光二极管和光敏二极管，这一对二极管分别安装在黑色的遮光罩的两个斜孔中，遮光罩斜孔的开口部分安置在烟雾室中。烟雾室是由一个多孔网罩组成的空腔，传感器外部的烟雾能够通过网罩上的小孔进入空腔。

通常情况下，烟雾传感器电路板上的发光二极管发射的光线由于受到遮光罩斜孔的限制，无法被另一个斜孔中的光敏二极管接收到，传感器不发生动作。一旦有烟雾进入传感器的烟雾室，由于遮光罩的开口部分置于烟雾室中，烟雾颗粒会将斜孔中发光二极管发出的光散射到各个方向，有一部分光线进入光敏二极管对应的斜孔中，被光敏二极管接收到，电路就会发生响应，启动蜂鸣器报警，如图 10.4.7 所示。

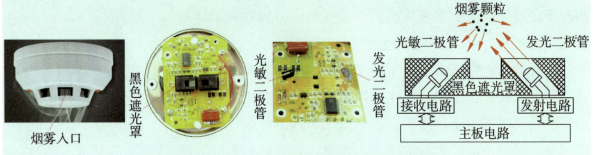

图 10.4.7　光电式烟雾传感器的结构与原理

由于光电式烟雾传感器是借助烟雾颗粒的散射发出报警响应，如果传感器的烟雾室有灰尘，可能会误报警，这种情况下只要清洁烟雾室就可以排除故障。

实践与练习

1. 了解扫码枪如何识别条形码。扫码枪用了哪一种光电传感方式？

2. 查阅资料，了解微光夜视仪的工作原理，了解车站、机场行李安检的原理。

3. 了解传感器在现代生产生活中的地位、作用，了解我国在传感器领域的发展现状、主要的传感器生产厂商，写一份调研报告。

10.5 声控灯的原理与安装

我们经常能在楼道里看到声控灯，白天不管是否有人走动，灯都自动关闭，夜间有人走动或谈话时，开关会自动开启，将灯点亮，人离开或声音消失一段时间后灯又会自动熄灭。声控灯电路的工作原理是什么？它是如何设计的？

10.5.1 声控灯的工作原理

声控灯严格意义上来讲是由声控开关和光控开关共同控制的照明电路。白天光线充足时，无论是否有人经过，灯都不会点亮，说明在灯具的供电电路中包含光控开关，光线充足时，光控开关断开，灯不亮；夜晚光线暗下来，而且有人走动或发出声音时，灯才会点亮，说明在灯具的供电电路中还存在声控开关，只有光控开关和声控开关同时闭合，灯才会点亮，因此光控开关和声控开关是串联在一起的逻辑"与"关系；人离开或声音消失一段时间后，灯才会熄灭，说明声控电路还具有延时功能。综合以上分析，声控灯的控制电路中应当包含光控开关电路、声控开关电路和延时电路三个功能模块，它们之间的逻辑关系如图 10.5.1 所示。

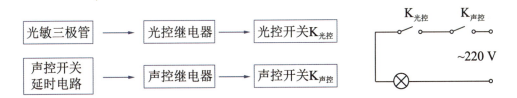

图 10.5.1 光控、声控、延时之间的逻辑关系

10.5.2 声控灯的控制电路

声控灯的控制电路可分为光控电路、声控电路和延时电路三个组成部分,如图 10.5.2 所示。

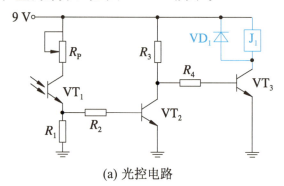

(a) 光控电路

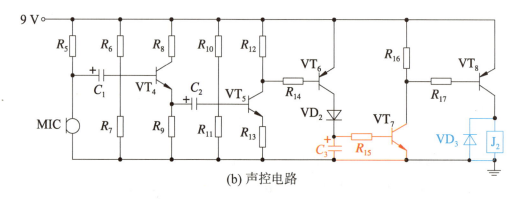

(b) 声控电路

图 10.5.2 声控灯的控制电路

光控电路由光敏三极管 VT_1 和继电器 J_1 组成。光敏三极管 VT_1 负责将光信号转变成电信号,电信号经三极管 VT_2 和 VT_3 处理后,去控制继电器 J_1。白天光线亮,在光敏三极管 VT_1、三极管 VT_2 和 VT_3 的共同作用下,继电器 J_1 的线圈中没有电流流过,继电器不动作,照明电路中的光控开关断开,灯 L 处于熄灭状态;夜晚光线暗,在光敏三极管 VT_1、三极管 VT_2 和 VT_3 的共同作用下,继电器 J_1 的线圈中有电流流过,继电器吸合,照明电路中的光控开关随之闭合。

声控电路主要由话筒 MIC、三极管 VT_4、VT_5、VT_6、VT_7、VT_8 和继电器 J_2 组成。话筒 MIC 用来拾取环境中微弱的声音,三极管负责将声音信号放大,控制继电器 J_2。当外界没有声音信号时,话筒 MIC 两端只有微弱的直流电压,继电器 J_2 的线圈中没有电流流过,继电器不动作,照明电路中的声控开关断开,灯 L 处于熄灭状态;当外界有声音时,话筒 MIC 中将产生交流信号,经过三极管逐级放大,给电容器

C_3 充电，驱动三极管 VT_8 导通，电流流过继电器 J_2，照明电路中的声控开关吸合，如果此时光控开关同时处于吸合状态，则灯 L 被点亮。

在声控电路中，电容 C_3 和电阻 R_{15} 组成了延时电路（见图 10.5.2 中红色部分），当外界声音消失后，三极管 VT_6 关断，不再给电容 C_3 充电，电容 C_3 通过电阻 R_{15} 放电，电容 C_3 两端的电压逐渐降低，三极管 VT_7 和 VT_8 还能持续导通一段时间，继电器 J_2 线圈中的电流得以维持一段时间，因此声控灯在声音消失后，不会马上熄灭，还能持续点亮一段时间。

为了防止光控电路和声控电路中的继电器线圈在掉电时产生的感应电压损坏其他电路元件，在继电器 J_1 的旁边反向并联了二极管 VD_1，在继电器 J_2 的旁边反向并联了二极管 VD_3，VD_1 和 VD_3 分别与继电器 J_1 和继电器 J_2 组成了放电回路（见图 10.5.2 中蓝色部分），使三极管 VT_3 和 VT_8 免受继电器 J_1 和继电器 J_2 线圈感应电压的冲击。

10.5.3 声光控开关面板

目前声控电路、光控电路已经变得小型化、模块化，集成在声光控开关面板中，极大地方便了人们组装声控灯电路。安装在楼道中的声控灯除了考虑声、光自动控制的需要外，还要考虑消防安全需求，一旦发生火灾，烟雾弥漫，能见度降低，为了便于人员疏散，此时要求将照明灯强行点亮。所以有些声光控开关面板中设置了消防应急电源供电接线端子，如图 10.5.3 所示。平时声控灯由正常供电模式供电，一旦出现火情，迅速切换到消防应急供电模式，在消防应急供电模式下，灯具不再受声、光控制，处于强制点亮状态。

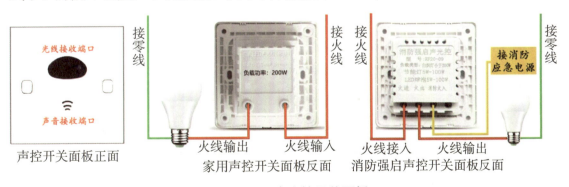

图 10.5.3 声光控开关面板

10.5.4 声控灯电路的安装

声控灯电路的安装要根据声控灯的安装场所、照明灯具的种类和功率选择合适的声控开关面板，然后遵照安全规范安装。

在公共场所使用的声控开关应当具有消防强启功能，在出现突发状况时，切换到消防应急供电模式，便于安排人员疏散；居民住宅因为没有消防应急电源，可以选择功能相对简单的声控开关面板，如果选择了带消防强启功能的声控开关面板，可以将消防应急电源的接线端子空置。

选择声控开关面板时，声控开关支持的灯具类型、功率（见声控开关面板的背面）应当与实际使用的灯具类型、功率相匹配，否则有可能出现灯具常亮或灯具闪烁等现象。

在安装声控灯和开关面板时，一定要切断电源，切不可带电操作。特别要注意，开关用于控制火线的通断，在接线时，要仔细查看声控开关面板背面的标识，判别哪个接线端是火线输入端，哪个接线端是火线输出端，不可接错。全部线路连接完毕后要仔细检查，确认无误后才可推闸送电。

10.5.5 声控灯电路的调试

由于声控灯是由声控开关和光控开关共同控制的照明电路，白天装完灯具后，正常情况下光控开关断开，无法判别声控电路工作是否正常。此时可以用厚实的黑色或深色纸遮盖住声控开关面板正面的光线接收端口，对着声控面板拍手，如果灯能正常点亮，说明电路安装正确，否则要排查故障。

  实践与练习

1. 声控、光控延时断电开关面板可能有四个接线端子，也可能有三个或两个接线端子（图 10.5.4），不管是哪种面板，一定包含哪两个接线端子？声控、光控延时断电开关实质上控制的是哪两个接线端子之间的通和断？

图 10.5.4　不同接线端子的声控开关面板

2. 查阅资料，说一说为什么有些声控开关面板上有零线接线端子，有些不需要零线接线端子。

小结与评价

内容梳理

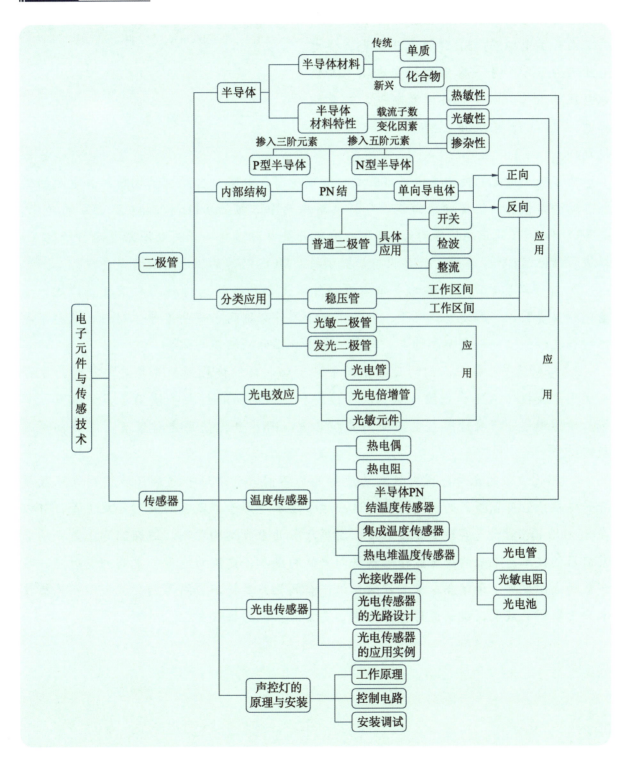

问题解决

1. 如图所示，在计算机主板中为了保存 CMOS 存储芯片中的参数，需要维持 CMOS 存储芯片供电。CMOS 电路通常有两路供电，一路由开关电源 3 V SB 待机电压供电，供电电压为 3.3 V；另一路为纽扣电池供电，供电电压为 3 V。即使开关电源断电，依靠纽扣电池仍然能够维持 CMOS 存储芯片的供电。

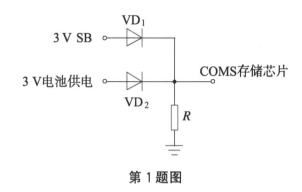

第 1 题图

为了延长电池的使用寿命，当开关电源通电时，电路应当能自动切断纽扣电池的供电。结合二极管的伏安特性曲线，分析电路中两个二极管 VD_1 和二极管 VD_2 的功能。若 VD_1 和 VD_2 的正向压降均为 0.3 V，分析开关电源通电和开关电源断电两种情况下，二极管 VD_1 和 VD_2 各处于什么状态，提供给 CMOS 芯片的供电电压各是多少。

2. 除了硅和锗两种传统的半导体材料外，化合物半导体材料的应用日益广泛，请查阅相关资料，了解发光二极管、大功率电子器件分别用了哪些半导体材料，这些半导体材料在性能上分别有哪些特点，与同学交流分享你的收获与体会。

3. 传感器早已融入人们的日常生活中，比如，我们接触到的声控灯与光控灯中分别运用了声控传感器和光控传感器，在楼梯和走道的照明灯大多使用了声控装置，等等。请你观察一下身边哪些电器使用声控装置，哪些电器使用光控装置，并简要说明原因。

4. 不同波段的光传感器对信息的感知能力不同，利用这一原理，我国科学家最早开始碲镉汞红外探测器的研究，并将这一核心技术运用于"风云四号"气象卫星，可以在 36 000 km 对大气实现高精度温度、湿度参数的垂直结构观测，这在国际上是一项非常前沿的技术。未来的高性能传感器将向更低的成本、更快的速度、更高的灵敏度、可穿戴的方向发展。请结合本章学习的知识，查阅相关资料，与同学们交流我国在传感技术方面取得的成果，说一说为什么传感器是智能系统的核心支柱。

第 11 章
交变电流与安全用电

特高压是指 800 kV 以上的直流电压或 1 000 kV 以上的交流电压。我国不仅是世界唯一特高压大规模运营的国家，而且是该领域行业标准的制定者。

本章我们将一起探讨交变电流的定义及描述方式，学习电能由产生到千家万户需要经历的一系列过程，同时还将学习在生产生活中使用电能的正确方法。

主要内容
◎ 交变电流的描述
◎ 学生实验：探究电阻、电感及电容对交变电流的影响
◎ 三相交变电流
◎ 安全用电

交变电流的描述

在学习使用多用表测量直流电源电压时，我们需要判断电源的正负极，将红表笔与电源正极相连，黑表笔与电源负极相连。而在测量交流电源电压时，表笔不需要区分电源正负极，你知道其中的原因吗？

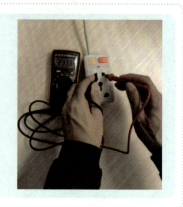

11.1.1 初识交变电流

前面我们学过了恒定电流，在恒定电流的电路中，电源的电动势不随时间变化，电路中的电流、电压也不随时间变化。方向不随时间变化的电流称为**直流**。而发电机产生的感应电动势是随时间做周期性变化的，相应地，电压、电流的大小和方向也随时间做周期性变化，这样的电流称为**交变电流**，简称**交流**。通常用 DC 表示直流，AC 表示交流。

11.1.2 正弦式交变电流

交变电流的电压、电流的大小和方向时刻在变化，那么它们遵循什么规律呢？我们可以通过电压传感器来观察交变电流的电压随时间变化的规律。如图 11.1.1 所示为电压传感器采集到的交变电流的电压随时间变化的图像。

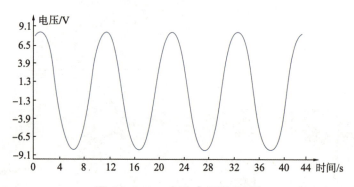

图 11.1.1 交流电压波形图

从图 11.1.1 可知，交变电流的电压和电流是按正弦规律变化的，这种按正弦规律变化的交变电流称为**正弦式交变电流**，简称**正弦电流**。

正弦式交变电流是由交流发电机产生的。如图 11.1.2 所示为交流发电机的结构示意图，相当于在匀强磁场中放一个可以绕固定转轴转动的单匝线圈，当线圈平面与磁场方向平行时，线圈中产生的感应电动势最大，设最大感应电动势为 E_m。如图 11.1.3 所示为线圈绕轴按逆时针方向转到任意位置的示意图，如果线圈平面从中性面位置开始转动，角速度为 ω，经过时间 t，线圈转过的角度为 ωt。此时整个线圈中感应电动势的瞬时值为

$$e = E_m \sin \omega t \qquad (11.1.1)$$

由此可知，交流发电机线圈上产生的感应电动势按正弦规律变化，当发电机所接负载为电灯等纯电阻用电器时，负载两端的电压 u、流过的电流 i 也按正弦规律变化，即

$$u = U_m \sin \omega t \qquad (11.1.2)$$

$$i = I_m \sin \omega t \qquad (11.1.3)$$

如图 11.1.4 所示为正弦式交变电流的电动势、电流、电压随时间变化的波形图。

正弦式交变电流是最简单、最基本的交变电流。电力系统中所使用的大多是正弦式交变电流。但是在电子技术中也经常用到其他形式的交变电流，如锯齿形电流、脉冲电流等。

11.1.3 周期和频率

发电机中的线圈匀速转动一周，产生的电动势和电流按正弦规律变化一次，我们可以用周期和频率两个物理量来表示交变电流变化的快慢。把交变电流完成一个周期性变化所用的时间称为交变电流的**周期**，通常用 T 表示，单位为秒（s）。交变电流在 1 s 内完成周期性变化的次数称为交变电流的**频率**，通常用 f 表示，单位为赫兹，简称赫（Hz）。

根据定义，周期和频率的关系是

$$T = \frac{1}{f} \qquad (11.1.4)$$

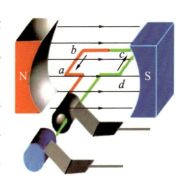

图 11.1.2　交流发电机的结构示意图

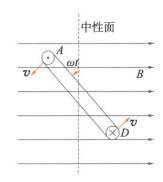

图 11.1.3　线圈转到任意位置

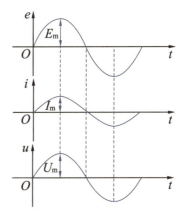

图 11.1.4　正弦式交变电流波形图

🚚 **信息快递**

由三角函数的知识可知，在交变电流瞬时表达式 $i = I_m \sin \omega t$ 中，角频率 ω 等于频率 f 的 2π 倍，即 $\omega = 2\pi f$。

11.1.4 正弦式交变电流的最大值和有效值

交变电流的大小随着时间做周期性变化，用 I_m、U_m、E_m 分别表示电流、电压、电动势的**最大值**（幅值）。交变电流的大小往往不是用它们的最大值表示，而是用有效值来计量的。有效值是通过电流的热效应来规定的，让交变电流和恒定电流分别通过相同阻值的电阻，如果在相同的时间内它们产生的热量相等，就把该恒定电流的电压值和电流值称为这一交变电流的**有效值**。通常用字母 U、I 来表示交变电流电压和电流的有效值。通过实验得到，正弦式交变电流的电压和电流的有效值与最大值之间的关系为

$$U=\frac{U_m}{\sqrt{2}}\approx 0.707 U_m \tag{11.1.5}$$

$$I=\frac{I_m}{\sqrt{2}}\approx 0.707 I_m \tag{11.1.6}$$

通常人们所说的家庭电路的电压为 220 V，指的是有效值。使用交变电流的电器设备上，标出的额定电压和额定电流都是有效值。交流电压表和交流电流表测量的数值也都是有效值。以后提到交变电流的数值，凡没有特别说明的，都指有效值。

例题

某一正弦式交变电流的电压随时间变化的波形图如图 11.1.5 所示。该交变电流电压的周期、频率、最大值、有效值分别是多少？

分析 本题的要求是能够从交变电流的电压波形图中得到交变电流电压的基本特征量（周期、最大值等）。周期等于完成一个完整正弦波所需要的时间，正弦波所达到的最高点即为电压最大值。

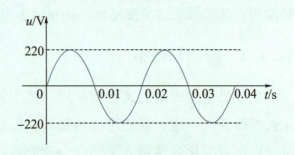

图 11.1.5 正弦式交变电流的电压波形图

解 由图形可知 $T=0.02$ s，$U_m=220$ V。

根据公式 $T=\frac{1}{f}$ 得

$$f = \frac{1}{0.02} \text{ Hz} = 50 \text{ Hz}$$

$$U = \frac{U_m}{\sqrt{2}} = \frac{220}{\sqrt{2}} \text{ V} \approx 155.6 \text{ V}$$

反思与拓展

图 11.1.5 中的 —220 V 表示该交变电流的最小电压值吗？

交流与直流在我们的生活中有着广泛应用，但是供电系统所提供的基本是交流，而很多用电器需要的是直流，此时可以通过整流设备将交流转换成直流供用电器使用，如手机充电器、电动汽车充电桩等。

实践与练习

1. 我国家用插座的电压有效值正常为 220 V，那么插在插座上的用电器两端承受的电压最大值是多少？

2. 有一个电容器，当它的两个极板间的电压超过 300 V 时，其间的电介质就可能被破坏而不再绝缘，这个现象称为电介质的击穿，这个击穿电压称为这个电容器的耐压值。能否把这个电容器接在电压有效值为 220 V 的电路中？为什么？

3. 如图 11.1.6 是一电磁炉的铭牌，请问该电磁炉电流的有效值为多大？电流的峰值是多少？

电磁炉	C21-H3201
额定电压：220 V	额定频率：50 Hz
额定功率：2 100 W	

图 11.1.6 电磁炉的铭牌

4. 如图 11.1.7 所示是一个正弦式交变电流的波形图，请根据波形图求出它的周期、频率、电流的峰值和电流的有效值。

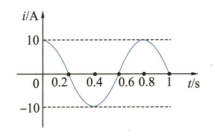

图 11.1.7 正弦式交变电流的波形图

11.2 学生实验：探究电阻、电感及电容对交变电流的影响

【实验目的】

（1）通过实验加深对转化法、科学归纳法等科学思维方法的体验和了解，进一步增强科学探究能力。

（2）体验科学探究过程，提升实验观察和操作技能，增强合作交流的意识和能力，养成严谨的科学态度。

【实验器材】

实验中用到的器材有：学生电源1台、双刀双掷开关1个、导线若干、灯泡（6 V 0.3 A）2个、电阻（10 Ω）1个、电感线圈（40 mH）1个、电容（100 μF 10 V）1个。

【实验方案】

电阻、电感及电容对电流的影响是抽象的、看不见摸不着的，不能够通过直接观察这些元器件的变化情况得到结论。我们将电阻、电感及电容分别与小灯泡串联接入交—直流电路，将这些元器件对电流的影响转化为灯泡亮度的变化情况，最后通过归纳总结得出结论。小灯泡的亮度不变，表示该元器件对电流没有影响；如果变暗，说明对电流有阻碍作用。

【实验步骤】

1. 电阻对交变电流的影响

（1）按照图 11.2.1 所示将电路连接好。

（2）将学生电源的直流电压值和交流电压的有效值调整到 8 V 输出。

（3）将开关分别接到学生电源的直流电压端和交流电压端，观察灯泡的亮度，并做对比。

2. 电感对交变电流的影响

（1）按照图 11.2.2 所示将电路连接好。

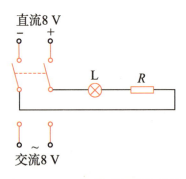

图 11.2.1 电阻对电流的影响

(2) 将学生电源的直流电压值和交流电压的有效值调整到 6 V 输出。

(3) 先将开关接到学生电源的直流电压端，观察小灯泡 L_1 和 L_2 的亮度。

(4) 再将开关接到学生电源的交流电压端，观察小灯泡 L_1 和 L_2 的亮度。

3. 电容对交变电流的影响

(1) 按照图 11.2.3 所示将电路连接好。

(2) 将学生电源的直流电压值和交流电压的有效值调整到 6 V 输出。

(3) 先将开关接到学生电源的直流电压端，观察小灯泡 L_1 和 L_2 的亮度。

(4) 再将开关接到学生电源的交流电压端，观察小灯泡 L_1 和 L_2 的亮度。

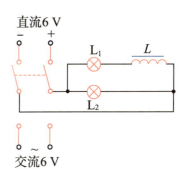

图 11.2.2　电感对电流的影响

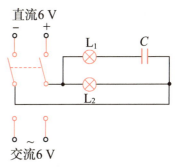

图 11.2.3　电容对电流的影响

【数据记录与处理】

表 11.2.1　电阻、电感及电容对直流及交流的影响

	电阻	电感	电容
对直流的影响			
对交流的影响			
结论			

【交流与评价】

(1) 你认为这个探究实验存在误差吗？如果存在，试简要分析产生误差的原因。

(2) 在进行探究电阻对交变电流影响的实验时，不能够在同一时间比较两次小灯泡的亮度，可能存在实验误差。可以通过两套相同电路同时展示电阻对直流与交流的影响，如图 11.2.4 所示。这样能够更直观地比较电阻对直流和交流的影响情况。根据所学知识，你还能优化本实验方案吗？

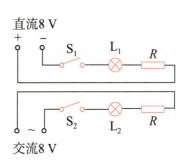

图 11.2.4　实验方案优化

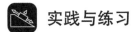 **实践与练习**

1. 交变电流通过一段长直导线的电流为 I，如果把这根长直导线绕成线圈，再接入原电路，那么通过线圈的电流 I' 与原电流相比，哪个电流大？

2. 将一交流电压 $u=110\sqrt{2}\sin\omega t$ 接到 10 Ω 的电阻两端，那么该电阻中的电流有效值是多少？

3. 使用 220 V 交流电源的电子设备，金属外壳和电源之间都有良好的绝缘，但是有时候用手触摸外壳仍会感到手麻，用测电笔检测时，测电笔发光，这是为什么？

11.3 三相交变电流

通过上节课的学习我们知道，我国家庭用电的电压有效值是 220 V。而在工业生产和机械加工中所用到的设备（如加工中心），其额定电压值通常为 380 V。你知道这两种电压有什么区别和联系吗？

11.3.1 三相交变电流的产生

像图 11.1.2 那样，只有一个线圈在磁场中转动，电路中只能产生一个交流电动势，这样的发电机称为单相交流发电机。如果在磁场中放置三个同样的线圈，且这三个线圈之间的夹角互成 120°，以相同的角速度 ω 匀速转动，这样就会产生三个电动势，如图 11.3.1 所示。这样的发电机称为三相交流发电机。

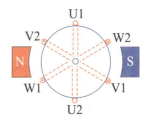

图 11.3.1 三相交流发电机

三相交流发电机主要由定子和转子组成，发电机的三个转子绕组分别称为 U1-U2、V1-V2、W1-W2，U1、V1、W1 称为绕组的首端，U2、V2、W2 称为绕组的末端。由于这三个线圈匝数相等、结构相同，且它们在空间中两两互成 120° 角放置。当转子以角速度 ω 旋转时，三个绕组线圈上产生三个最大值相等、频率相同的电动势，由于三个线圈位置上相差 120° 角，所以三个线圈产生的电动势到达 0 值和峰值的时间，依次落后 $\frac{1}{3}$ 个周期。三个线圈的电动势波形图如图 11.3.2 所示。

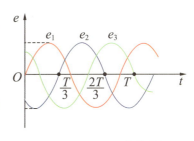

图 11.3.2 三个线圈电动势的波形图

我们已知 $e_1 = E_m \sin \omega t$，由图像可得

$$e_2 = E_m \sin(\omega t - 120°) \tag{11.3.1}$$

$$e_3 = E_m \sin(\omega t + 120°) \tag{11.3.2}$$

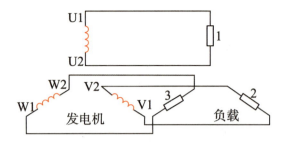

(a) 直接连接

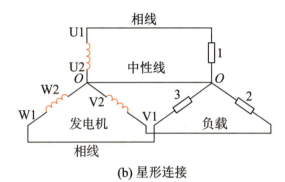

(b) 星形连接

图 11.3.3　三相交流发电机与负载的连接方式

11.3.2　三相电源的连接

三相交流发电机的每个绕组都是一个独立的电源，均可单独给负载供电，但是需要六根导线，如图 11.3.3（a）所示。在实际应用中，通常将三相交流发电机的六根导线按照一定的方式连接后，再向负载供电，如图 11.3.3（b）所示。将三相绕组的末端 U2、V2、W2 连在一起，首端 U1、V1、W1 分别与负载相连，这种连接方式称为**星形连接**。绕组三个末端连接的点称为**中性点**或**零点**，从中性点或零点引出的线称为**中性线**或**零线**。从首端引出的三根线称为**相线**，俗称**火线**。

11.3.3　三相四线制

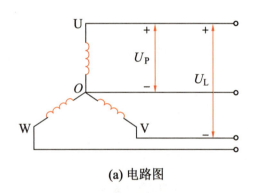

(a) 电路图

(b) 输电架线

图 11.3.4　三相四线制

在低压配电系统中，通常用三根相线和一根中性线组成输电方式，称为**三相四线制**，如图 11.3.4（a）所示。相线与中性线之间的电压称为**相电压**，其有效值通常用 U_P 表示；相线和相线之间的电压称为**线电压**，其有效值通常用 U_L 表示。通过分析与计算得到线电压为相电压的 $\sqrt{3}$ 倍，即 $U_L=\sqrt{3}U_P$。在我国民用电路中，相电压 U_P 为 220 V，线电压 U_L 为 380 V。如图 11.3.4（b）所示为三相四线制的输电架线图。

我国家用电器的额定电压通常为 220 V，因此家用电器需要连接在相线和中性线之间，如图 11.3.5 所示。为了尽量使三相电路中用电平衡，应该把所有负载平均分配在各相电路中。如在一栋建筑中，三相电源应该均匀地分配到各个楼层的用户。工农业生产中通常使用 380 V 的线电压，俗称动力电，如加工中心使用的就是 380 V 电压。

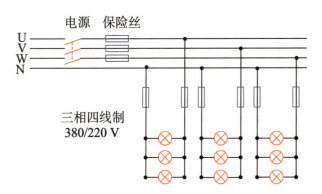

图 11.3.5 家用电器的连接方式

如图 11.3.6 所示为家庭常用的插座面板，上面的双孔插座由零线与火线组成 220 V 的单相供电，那么下面的三孔插座是否为三根火线组成的 380 V 三相供电呢？

> **信息快递**
>
> 我国低压供电标准为 50 Hz、220 V，而有些国家和地区使用的是 60 Hz、110 V 的供电标准。

图 11.3.6 插座面板

例题

在如图 11.3.7 所示的三相四线制供电系统中，相电压 u_1 的瞬时值为 $u_1=220\sqrt{2}\sin(314t)$ V，试写出相电压 u_2、u_3 的瞬时值，并求出线电压的有效值。

分析 由于三相交流发电机三个线圈上产生的三个电动势的最大值、频率相等，且到达峰值依次相差 120°。所以电压 u_1、u_2、u_3 的最大值、频率相等，到达峰值依次相差 120°；线电压的有效值为相电压有效值的 $\sqrt{3}$ 倍，即 $U_L=\sqrt{3}U_P$。

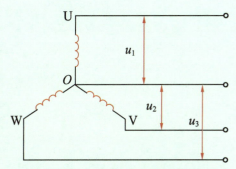

图 11.3.7 三相四线制供电系统

解 （1）因为 $u_1=220\sqrt{2}\sin(314t)$ V，所以

$$u_2=220\sqrt{2}\sin(314t-120°) \text{ V}$$
$$u_3=220\sqrt{2}\sin(314t+120°) \text{ V}$$

（2）因为 $U_P=220$ V，$U_L=\sqrt{3}U_P$，所以

$$U_L\approx 380 \text{ V}$$

反思与拓展

如果在相电压 u_1、u_2 上分别接入两个额定电压为 220 V 的用电器，此时零线在 O 处脱落，如图 11.3.8 所示，那么这两个用电器能正常工作吗？

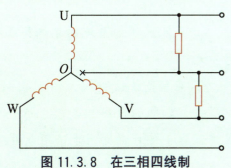

图 11.3.8 在三相四线制电路中接入用电器

中国工程

特高压输电

特高压输电是指交流电压等级在 1 000 kV 及以上、直流电压在 ±800 kV 及以上的输电技术，具有输送容量大、传输距离远、运行效率高和输电损耗低等技术优势，是实现远距离电力系统互联、建成联合电力系统的物理架构基础，是目前全球最先进的输电技术。相较于传统高压输电，特高压输电技术的输电容量将提升 2 倍以上，可将电力送达超过 2 500 km 的输送距离，输电损耗可降低约 60%，单位容量造价降低约 28%，单位线路走廊宽度输送容量增加 30%。

2022 年 12 月 30 日，白鹤滩-浙江 ±800 kV 特高压直流输电工程顺利竣工投产，这标志着白鹤滩水电站电力外送通道工程全面建成。白鹤滩-浙江工程是国家"西电东送"重点工程，是我国第二大水电站——白鹤滩水电站的主要电力外送通道之一，是一项助力我国东部地区电力保供的关键工程，是一项有效拉动内需、助力稳经济稳增长的超级工程，是一项优化能源结构、服务"双碳"目标的绿色工程。

实践与练习

1. 如图 11.3.9 所示为一常用三孔插座内部接线图，你知道里面三根导线分别是什么线吗？尝试拆解家里的废旧排插，了解内部接线情况。

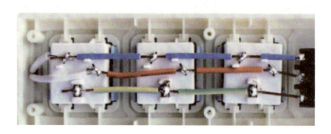

图 11.3.9　三孔插座内部接线图

2. 某地区供电系统的相线与零线之间的电压为 110 V，那么相线与相线之间的电压是多大？

3. 某居民小区引入 a、b、c、d 四根导线作为供电电源，电工师傅测量 a 与 b、b 与 c、a 与 c 之间的电压都是 380 V，a 与 d 之间的电压是 220 V。电工师傅把 b、d 两根导线接到某一住户家作为生活用电电源。你认为这种接法是否正确？如果要对小区的一个大功率电动机供电，需要接哪几根导线？

11.4 安全用电

电的发现给人类生活带来很多便利，人们的衣食住行都离不开电。但是，电在造福人类的同时，也带来了安全隐患。为什么触电会导致人受伤和死亡？我们该如何安全用电呢？

11.4.1 电流对人体的伤害

触电通常是指人体直接触及一定电压带电体或高压电经过空气或其他导电介质传递电流通过人体时，引起人体受伤或死亡的现象。按触电对人体的伤害程度可分为电击和电伤两类。

电击是指电流通过人体时，破坏人体内部组织，影响呼吸系统、心脏及神经系统等正常功能而造成的伤害。日常生活中，不小心触及带电的裸露导线、漏电设备的外壳或其他带电体，以及被闪电击中，都可能导致电击。电击对人体的危害很大，很多触电死亡事件都是由电击造成的。

电伤是指由于电流的热效应、化学效应和机械效应对人体外部造成的局部伤害。电伤通常在人体皮肤表面留下伤痕，常见的有电灼伤、皮肤金属化、电光眼等。

不管是电击还是电伤，对人体伤害都是很大的，而且在触电事故中电击和电伤常会同时发生，因此必须谨慎作业，防止触电事故发生。

触电对人体的伤害程度，主要和通过人体电流的频率、大小、持续时间、流过人体的路径及人体的健康状况有关。频率为 50~100 Hz 的电流对人体伤害最大；当流过人体的电流超过 50 mA 时，短时间内就会导致触电者呼吸困难、心室颤动甚至死亡；电流流过大脑或心脏最为危险，可导致触电者昏迷或心脏停止跳动，造成触电者死亡。一般情况下，人体能够承受的安全电压为 36 V，安全电流为 10 mA。为了确保人员的生命安全，我国规定 36 V 以下的电压为安全电压。

11.4.2 常见的触电形式

日常生活中经常发生触电事故，触电会危及人身安全。常见的触电形式有单相触电、两相触电和跨步触电。

> **单相触电**

图 11.4.1　单相触电

人站在地面上，当人体直接触及带电设备的一相线时，电流通过人体经大地构成回路，这种触电方式称为单相触电，如图 11.4.1 所示。对于低压供电系统，这时人体承受 220 V 的相电压作用。

> **两相触电**

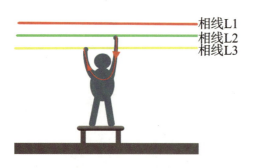

图 11.4.2　两相触电

人体不同部位同时接触三相电源中的两根不同相线，电流从一根相线经过人体流到另一根相线，这种触电方式称为两相触电，如图 11.4.2 所示。对于低压供电系统，这时人体承受 380 V 的线电压作用，最为危险。

> **跨步触电**

图 11.4.3　跨步触电

如果雷电入地或高压线断裂落地，电流通过接地点流入大地向四周扩散，电流在接触点周围产生电压降。当人行走于这个区域时，分开的两脚之间就产生电压，称为跨步电压，如图 11.4.3 所示。电流从接触高电位的脚流进人体，通过另一只脚流入大地，从而形成触电，这种触电方式称为跨步触电。离接地点越近，跨步电压就越大；人的步幅越大，跨步电压就越大。当发现可能发生跨步电压触电时，不要慌张，应采取单脚或双脚并拢跳出危险区的方式离开危险地段。

11.4.3 安全用电

随着人们生活水平的不断提高,电器已成为我们日常生活中不可缺少的一部分。然而,电器的使用也带来了许多安全隐患,稍有不慎,可能会危及人身安全和财产安全。所以我们在实际工作和生活中,需要养成良好的用电习惯。

(1) 家庭电路安装时一定要在电源线进户处安装空气断路器(简称空气开关)和漏电保护器(简称漏电开关),并做好接地保护。如图 11.4.4 所示为接地标识。

图 11.4.4 接地标识

(2) 正确安装用电器。用电器要根据说明和要求正确安装,不可马虎。带电部分必须有防护罩或放到不易接触到的高处,以防触电。对有金属外壳的用电器必须做好保护接地。

(3) 不能攀登、跨越电力设施的保护围墙、遮栏。不要攀登变压器,不爬电线杆,不拉扯电线,不在电线下放风筝。

(4) 任何情况下,均不能用手来鉴定接线端或裸导线是否带电。如果需要检测导线是否带电,应使用完好的验电笔或电工仪表。

(5) 不购买"三无"产品。购买电器产品时务必认准安全标志、出厂证明和检验合格证。

(6) 不能私拉乱接电线,不要在单个排插上使用多个大功率用电器,以防电线过载后变热起火。

(7) 电吹风、电饭锅、电熨斗、电烙铁、电暖器等用电器在使用中会发热,应将它们远离纸张、棉布等易燃物品,防止发生火灾,使用时要注意避免烫伤,用完后应切断电源,拔下电源插头以防意外。

(8) 电器在使用中若冒烟、产生火花、发出焦煳的异味等情况,应立即关掉电源开关,拔下电源插头,停止使用,并及时请专业电工人员修理。

(9) 电器使用完毕后应拔掉电源插头,插拔电源插头时不要用力拉拽电线,以防止电线的绝缘层受损造成触电。电线的绝缘皮损伤,要及时更换新的电线。

(10) 电器火灾一旦发生,首先应设法切断电源。如果带电灭火,切忌用水和泡沫灭火剂,应使用二氧化碳灭火器、

图 11.4.5 干粉灭火器

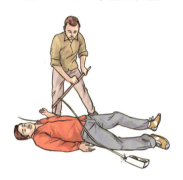

图 11.4.6 脱离电源

干粉灭火器（图 11.4.5）、四氯化碳灭火器灭火。

11.4.4 触电救护

当遇到有人触电时，应及时对触电者进行救护，主要措施有以下几种。

（1）尽快使触电者脱离电源。若救护者离电源开关较近，则应立即切断电源；若不能立即切断电源，则应用木棒或竹竿等绝缘物体使触电者脱离电源，如图 11.4.6 所示，不能用手直接去拉触电者。

（2）若触电者的呼吸和心跳均未停止，此时应使触电者就地躺平，不要让其走动，以减轻其心脏负担，并严密观察呼吸和心跳的变化。

（3）若触电者心跳停止、呼吸尚存，则应对触电者做胸外按压。

（4）若触电者呼吸停止、心跳尚存，则应对触电者做人工呼吸。

（5）若触电者呼吸和心跳均停止，应立即使用心肺复苏方法对其进行抢救。

 生活·物理·社会

空气开关与漏电保护器

空气开关，又名空气断路器，是断路器的一种，如图 11.4.7 所示，是一种只要电路中的电流超过额定电流就会自动断开的开关。空气开关除能完成接触和分断电路外，还能对电路或用电器发生的短路、电流过载及欠电压等进行保护。

漏电保护器，简称漏电开关，如图 11.4.8 所示，除了具备空气开关

图 11.4.7 空气开关　图 11.4.8 漏电保护器

的功能外，还能在设备漏电或人触电时迅速断开电路，起到保护人身安全和设备安

全的作用。家用漏电保护开关的漏电保护电流值一般为 30 mA 甚至更小。

虽然空气开关与漏电保护器都具有过载和短路保护功能，但是空气开关的主要作用是防止电路短路和电流过载，一般用作电路总开关或者支路开关，主要保护家用电路和电器，对人体的保护作用很小。而漏电保护开关主要检测线路设备是否漏电，保护设备和人体安全。

如图 11.4.9 所示为某一配电箱内部情况，空气开关作为电路总开关使用，漏电开关作为支路开关使用。

图 11.4.9　配电箱

 实践与练习

1. 人体触电有几种形式？在家庭中发生的触电事故大部分属于哪种形式？为什么？
2. 当你发现有人员触电时，该如何开展急救？
3. 调查一下你家庭和宿舍的用电情况，对照所学知识，看看是否存在用电安全隐患。
4. 通过查看家庭用电器的铭牌，计算出家庭电器的总功率，估算家庭电路中所需导线、空气开关的规格，看看你家的导线和空气开关是否符合要求。

小结与评价

内容梳理

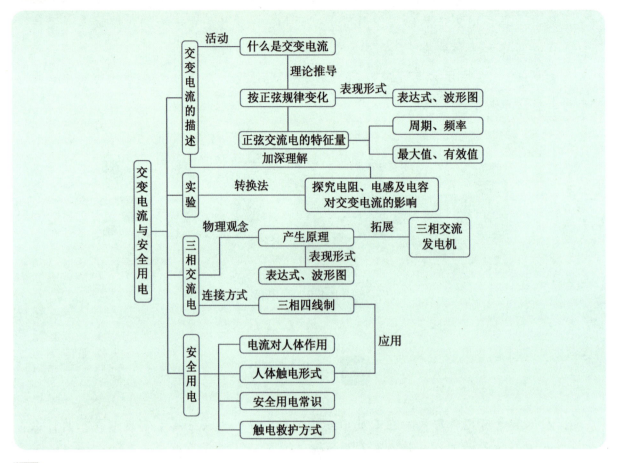

问题解决

1. 某一正弦式电流通过一个阻值为 50 Ω 的电阻,其热效应与 1 A 的恒定电流在相同时间内通过该电阻所产生的热效应相同。

(1) 这个正弦式电流的电压、电流的有效值分别是多少?

(2) 这个正弦式电流的电压、电流的峰值分别是多少?

2. 某三相四线制供电系统的相电压瞬时表达式为 $u=110\sqrt{2}\sin(120\pi t)$ V,那么该供电系统的电压有效值是多少?该交变电流的频率是多少?

3. 在 11.2 节中,通过实验探究,同学们知道了电容对交流有阻碍作用。有一组同学在实验交流环节进行大胆猜想,他们提出电容对交流的阻碍作用大小可能与电容的大小有关系。请你帮他们设计一个实验活动来探究电容对交流的阻碍作用的大小是否与电容的大小有关系。如果有关系,那么存在什么样的关系?

4. 有一建筑共三层,采用三相四线制供电照明。有一次突发电路故障,第二、三两层楼的所有电灯都暗下来,而第一层所有电灯亮度不变。请问是什么原因?